非晶合金复合材料

张 龙 颜廷毅 袁旭东 编著

U0190493

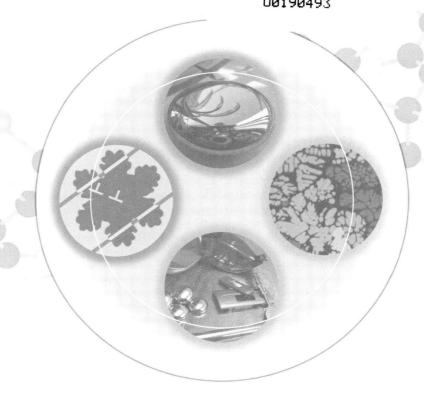

中国科学技术大学出版社

内 容 简 介

非晶复合材料是采用外加或内生的方法在非晶基体中引入晶体相而形成的,作为新型高性能金属材料,其兼具非晶合金和晶体材料的特点与优势,从而表现出广阔的应用前景。全书共 6 章,首先简述非晶合金的结构特征、性能和应用,进而论述非晶复合材料的分类及制备方法、外加型非晶复合材料、内生型非晶复合材料、非晶复合材料的计算机模拟仿真、非晶复合材料的应用及发展等方面的研究概况和最新的重要进展。

本书可作为材料科学与工程专业的本科生选修课教材及研究生专业参考书,也可供材料及相关专业科技工作者阅读参考。

图书在版编目(CIP)数据

非晶合金复合材料 / 张龙,颜廷毅,袁旭东编著. -- 合肥:中国科学技术大学出版社,2025.1. -- ISBN 978-7-312-06110-3

Ⅰ. TG139

中国国家版本馆 CIP 数据核字第 2024V806Z3 号

非晶合金复合材料
FEIJING HEJIN FUHE CAILIAO

出版	中国科学技术大学出版社
	安徽省合肥市金寨路 96 号,230026
	http://press.ustc.edu.cn
	https://zgkxjsdxcbs.tmall.com
印刷	安徽省瑞隆印务有限公司
发行	中国科学技术大学出版社
开本	787 mm×1092 mm　1/16
印张	7.75
插页	2
字数	199 千
版次	2025 年 1 月第 1 版
印次	2025 年 1 月第 1 次印刷
定价	79.00 元

前　　言

　　材料科学是现代科技和工程的基石,贯穿从微电子器件到大型建筑结构的各个领域。传统金属材料,如钢铁、铝合金等,因其具有优异的机械性能和广泛的适用性,长期以来在工程应用中占据主导地位。然而,这些晶态金属的内部结构存在晶界、位错等缺陷,限制了其性能的进一步提升。随着对材料性能需求的不断增加,科学家们开始探索具有更高强度、更优异耐腐蚀性和更好磁性能的新型材料。于是,非晶合金应运而生。

　　非晶合金是指一种具有非晶态结构的合金材料。不同于传统的晶态金属,非晶合金没有长程有序的晶格结构,而是类似于玻璃的无序原子排列。这种独特的结构使得非晶合金在力学、磁学和化学性能上展现出一系列优异的特性,如高强度、高硬度、优异的软磁性能和良好的耐腐蚀性等。这些特性使非晶合金在电子产品、结构材料、生物医用等领域展现出广阔的应用前景。然而,非晶合金的塑性应变高度集中在狭窄的剪切带中,从而表现出室温脆性和应变软化等缺陷,这些关键性问题严重制约了其实际的工程应用。为了突破这个瓶颈,研究人员探索了一种复合路线,即在非晶合金中引入晶态相,形成非晶复合材料。这一策略的目的是通过晶态相的塑性变形来促进剪切带的增殖,并有效地阻碍其快速扩展,从而改善材料的整体性能。因此,非晶复合材料为实现非晶合金在工程领域的广泛应用提供了一条重要途径。

　　非晶复合材料作为一种兼具非晶与晶体特性的新型金属材料,表现出广泛的应用前景,从而受到国内外材料科学领域科研人员的高度重视。学习并掌握非晶复合材料的相关知识,有助于学生更深入地理解金属材料的组织结构与力学性能的关系。然而目前仍缺乏系统且专业的非晶复合材料相关教材,这在一定程度上制约了材料科学相关专业教学工作的开展。本书从非晶复合材料的概念出发,系统地阐述了其制备方法、结构与性能、应用与发展等,不仅详细论述了非晶复合材料的相关知识,还探讨了所涉及的众多材料科学基础知识和关键科学问题,帮助学生建立全貌认识。本书有助于深化材料科学专业学生对非晶复合材料的认知,提高学生灵活运用材料科学基础知识的能力,同时能够连接后续的有关材料制备测试、加工和应用的专业课程,培养材料科学领域的高素质专业人才。

　　最后,感谢中国科学技术大学出版社的全力支持,希望《非晶合金复合材料》一书能得到广大老师和学生的青睐。囿于水平,不妥与谬误之处在所难免,恳请读者批评指正。

目　　录

前言 ………………………………………………………………………………（ⅰ）

第1章　非晶合金概述 ……………………………………………………………（ 1 ）

1.1　非晶合金的基本概念及发展历程 …………………………………………（ 1 ）

1.2　非晶合金的形成机制和结构特征 …………………………………………（ 3 ）

1.3　非晶合金的变形机制 ………………………………………………………（ 11 ）

1.4　非晶合金的性能和应用 ……………………………………………………（ 18 ）

第2章　非晶复合材料的分类及其制备 …………………………………………（ 27 ）

2.1　非晶复合材料的发展历程及其类型特点 …………………………………（ 27 ）

2.2　非晶复合材料的设计及其制备 ……………………………………………（ 30 ）

2.3　非晶复合材料的凝固理论 …………………………………………………（ 34 ）

第3章　外加型非晶复合材料 ……………………………………………………（ 41 ）

3.1　颗粒增强非晶复合材料 ……………………………………………………（ 41 ）

3.2　纤维增强非晶复合材料 ……………………………………………………（ 46 ）

3.3　片层增强非晶复合材料 ……………………………………………………（ 51 ）

3.4　骨架增强非晶复合材料 ……………………………………………………（ 53 ）

第4章　内生型非晶复合材料 ……………………………………………………（ 58 ）

4.1　内生 B2 型非晶复合材料 …………………………………………………（ 58 ）

4.2　内生 β 型非晶复合材料 ……………………………………………………（ 66 ）

4.3　内生型非晶复合材料的韧塑化机理 ………………………………………（ 75 ）

第5章　非晶复合材料的计算机模拟仿真 ………………………………………（ 82 ）

5.1　非晶复合材料的模拟仿真方法 ……………………………………………（ 82 ）

5.2　非晶复合材料的结构模型 …………………………………………………（ 87 ）

5.3　非晶复合材料变形行为的模拟仿真 ………………………………………（ 94 ）

5.4　高性能非晶复合材料的计算机辅助设计 …………………………………（101）

第6章　非晶复合材料的应用及其发展 …………………………………………（108）

6.1　结构型非晶复合材料的应用 ………………………………………………（108）

6.2　功能型非晶复合材料的应用 ………………………………………………（114）

6.3　非晶复合材料的发展趋势 …………………………………………………（116）

彩图 ………………………………………………………………………………（119）

第 1 章　非晶合金概述

1.1　非晶合金的基本概念及发展历程

非晶合金是一类原子排列在团簇尺度短程或者中程有序而长程无序的固态金属,内部没有晶界、位错以及层错等缺陷,如图 1.1 所示。由于非晶态合金通常是通过熔体快速凝固并避免结晶来获得,而这一过程类似传统氧化物玻璃的形成过程,所以非晶合金又被称为金属玻璃。然而,非晶合金又不同于氧化物玻璃,其原子之间不是通过共价键连接,而是通过金属键相互作用,使非晶合金既保留了许多金属材料的特性,又避免了氧化物易脆性的问题。这种独特的原子结构赋予非晶合金具有众多传统材料无法比拟的力学、物理和化学性能,包括高强度、高硬度、高断裂韧性、高弹性极限、过冷液相区的超塑性变形能力、高饱和磁感应强度以及低矫顽力、耐蚀性等。正是这些卓越的特性,使得非晶合金在结构材料、软磁功能材料、电子器件和耐蚀涂层等领域展现出巨大的应用前景。

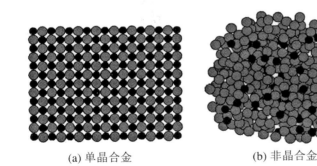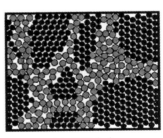

(a) 单晶合金　　　　　　　(b) 非晶合金　　　　　　　(c) 多晶合金

图 1.1　金属材料的原子结构示意图

非晶态金属材料的研究始于 20 世纪 30 年代,德国科学家 Kramer 率先采用蒸发沉积法成功制备出非晶态锡薄膜。1950 年,Brenner 等人则通过电沉积法制备了 Ni-P 非晶态薄膜。后来,Buckel 和 Hilsch 也在极低温的金属板上沉积 Ga-Bi 合金,同样成功获得了非晶态薄膜。1960 年,美国加州理工学院的 Duwez 等人首次采用熔体快速冷却技术成功制备了 $Au_{75}Si_{25}$ 非晶薄带。这一技术的应用克服了传统方法在制备非晶态物质方面的局限性,得到了广泛应用,并不断得到拓展与完善。与此同时,美国哈佛大学的 Turnbull 等人在经典形核理论的基础上提出了第一个关于通过熔体快淬形成非晶合金的理论判据,即约化玻璃转变温度($T_{rg} = T_g/T_m$,T_g 为玻璃化转变温度,T_m 为合金熔化温度),并建立了连续形核理论。这一理论成功解释了非晶合金形成动力学、玻璃转变特征等相关问题,并为快速寻找新的非晶合金体系提供了重要途径。到 1969 年,Pond 和 Madin 等人采用熔体轧辊法,成功制备了长达几十米的非晶薄条带,大幅降低了非晶合金的制备成本。自此以后,对非晶合金的研究进入了一个全新的时代,展现出更加广阔的发展前景。

20 世纪 70 年代,非晶合金研究蓬勃发展。20 世纪 70 年代初期,优异软磁性能的 Fe 基非晶合金在变压器等电力领域广泛应用。过去由于生产工艺的限制,非晶合金样品的几何尺寸[①]只能局限于微米量级。为了突破尺寸限制,在 1974 年,Chen 和 Turnbull 在相对较低的冷却速率(约为 10^3 K·s^{-1})下,采用简单的水淬法合成了直径为 1 mm 的三元 Pd-Cu-Si 合金,这类最小尺寸超过 1 mm 的非晶合金被称为块体非晶合金,这是第一批块体非晶合金的形成。后来,在 10 K·s^{-1} 的极低临界冷却速率下,通过氧化硼熔剂淬火制备了尺寸达厘米级的 Pd-Ni-P 和 Pt-Ni-P 块体非晶合金,从而开启了块体非晶合金时代。虽然它们具有较大的玻璃形成能力,但贵金属的使用限制了它们的实际应用,因此探索新的低成本非晶合金体系将成为研究的重中之重。

随着对非晶合金的深入研究,科研工作者改变了传统的调整工艺条件的制备思路,而转为重点关注合金成分设计。20 世纪 90 年代,日本东北大学的 A. Inoue 及美国加州理工学院的 W. L. Johnson 发现了多组分合金系统,这使得块体非晶合金的发展取得了重要突破。这些新型块体非晶合金表现出优异的玻璃形成能力(Glass Forming Ability,GFA),且可以比肩 Pt 基和 Pd 基块体非晶合金。基于 A. Inoue 的发现,Peker 和 Johnson 开发了一系列多组元 Zr 基块体非晶合金。其中包括 Vit.1 非晶合金,其成分为 $Zr_{41.2}Ti_{13.8}Cu_{12.5}Ni_{10.0}Be_{22.5}$(原子百分比)[②],这是第一个商业化的块体非晶合金,而且到目前为止,它仍然是玻璃形成能力非常好的块体非晶合金之一。受到这些块体非晶合金制备成功的启发,具有优异玻璃形成能力的 Fe 基、Ni 基、Ti 基和 Cu 基等其他体系的块体非晶合金也取得了重大进展。块体非晶合金的出现使人们能够系统地对其力学、物理和化学性能进行常规表征,并为其作为结构材料的应用带来了希望。然而,块体非晶合金一直存在"脆性"这一致命缺陷,严重制约了其实际应用。为此,科研工作者一直探索非晶合金的可塑性,2005 年,Wang 等科研人员发现了非晶合金的泊松比与韧(塑)性之间呈现明显关联性,并基于此发现并设计出了一系列具备高韧(塑)性的非晶合金。

进入 21 世纪后,非晶合金研究再次迎来了研究高潮,涵盖了制备、应用和基础研究等领域,主要包括各种性能优异的块体非晶合金体系的相继问世、带材在软磁芯方面的大规模应用、熵调控概念的提出和高熵非晶合金(High-Entropy Metallic Glass,HE-MG)的研发等方面。另外,非晶合金的研究借助原子模型构建、分子动力学模拟和机器学习等先进技术,运用材料基因组工程研究范式和激光冶金高通量制备技术,加速了非晶合金的研发进程,深刻解析了非晶合金形成机制及结构与性能变化机理。此外,Fe 基、Ni 基和 Co 基非晶合金的软磁特性已广泛应用于电力、电子和信息领域。块体非晶合金也在国防安全和航空航天等领域有重要的应用。

非晶合金无论是在基础研究还是在实际应用中都取得了瞩目的成绩,深刻革新了传统的金属和玻璃领域,吸引了大量科研人员的关注,催生了创新的思维和跨领域的合作。图 1.2 总结了玻璃形成临界尺寸大于 10 mm 的各类块体非晶合金体系和高熵非晶合金的临界尺寸与开发时间。非晶合金的研究与发展虽然还不到百年,但自从非晶合金诞生开始,便刷

---

① 尺寸表示棒状样品的直径。
② 本书中非晶及非晶复合材料的合金成分均以原子百分比表示,下同。

新了人们对金属材料原子结构有序的固有认知,改变了传统金属材料设计和制备的思路,突破了金属材料的性能上限。现在非晶合金俨然已经成为凝聚态物理的一个重要分支学科,也是金属材料科学与技术研究的前沿方向之一。然而,非晶合金的发展仍然存在诸多桎梏,主要包括基础研究薄弱、研发效率不高和规模化应用不足等方面。因此,未来将会进一步探索非晶合金的本质和玻璃转变的根源,解析非晶合金的特殊结构,并探寻新的制备技术和工艺,开发出全新一代大尺寸、高性能、高效益以及结构功能一体化的非晶合金体系。

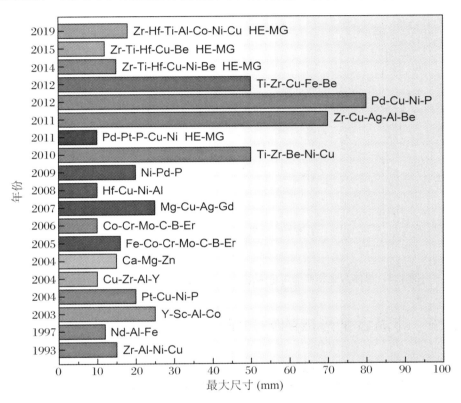

图 1.2　玻璃形成临界尺寸大于 10 mm 的非晶合金体系和高熵非晶合金

1.2　非晶合金的形成机制和结构特征

非晶合金是一种在结构上缺乏长程周期性的无序金属材料。从另一个角度来看,它们的原子构型可以被视为液体在快速凝固过程中的"冻结结构"。合金熔体的快速淬火过程是过冷液相与结晶相的竞争过程,在此过程中,液体的体积变化率或焓变化率会突然降低到晶态固体水平,这导致合金黏度显著上升。由于过冷液体没有足够的时间发生原子扩散和重排,以形成具有周期性结构的晶体,最终生成非晶合金,如图 1.3 所示。因此,液相和晶态相之间的竞争结果将决定非晶合金是否可以形成。假设均匀形核,则形核速率由熔体的热力学和动力学相互作用决定:

$$I_n = \frac{A_v}{\eta(T)} \exp\left(-\frac{16\pi\sigma^3}{3k_BT\left[\Delta G(T)\right]^2}\right) \tag{1-1}$$

其中，A_v 是形核率系数，$\eta(T)$ 是过冷液相的黏度，σ 是熔体和晶核之间的界面能，k_B 是玻尔兹曼常数，$\Delta G(T)$ 是结晶相和过冷液相之间的自由能差值。因此，必须考虑热力学（结晶驱动力）、动力学（扩散率或黏度）和结构波动（构型）来理解金属玻璃的形成。

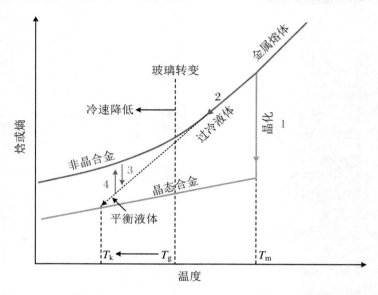

图 1.3　晶体合金和非晶合金形成过程中焓或熵与温度之间关系的示意图

1.2.1　非晶合金形成的热力学

从热力学角度考虑，如果非晶相的吉布斯自由能相对低于竞争的晶体相，则非晶相将被保留下来。也就是说，在非晶合金形成过程中，过冷液相的结晶驱动力越低越好：

$$\Delta G = G_{\text{glass}} - G_{\text{crystal}} \tag{1-2}$$

$$\Delta G = \Delta H_f - T\Delta S_f \tag{1-3}$$

其中，ΔG 为结晶驱动力，G_{glass} 是非晶相（过冷液相）的吉布斯自由能，G_{crystal} 为晶体相的吉布斯自由能，ΔH_f 为过冷液相到晶体相的焓变，ΔS_f 为过冷液相到晶体相的熵变，T 是熔体温度。ΔG 值越小，晶化驱动力越小，因此形核速率越低，玻璃形成能力越好。在上述热力学方程的基础上，主要有两种减小晶化驱动力的方法：一种是通过降低过冷熔体中成分之间的化学势来降低熔体焓（ΔH_f）；另一种是增加熔体熵（ΔS_f）。可以预期，在合金系统中引入大量的组元会导致 ΔS_f 的扩大。此外，ΔS_f 的增加也会导致在熔体中呈现出致密、高效的堆积模式，有利于 ΔH_f 的降低和固液相界面能的增加。这与"混淆准则"的概念和 Inoue 提出的第一经验原则是一致的。当增加过冷度时，液界面会处于亚稳平衡状态，将会发生非平衡凝固效应，阻碍长程有序结构的晶体相形成，有利于形成非晶态结构。

1.2.2　非晶合金形成的动力学

非晶合金的凝固本质是动力学过程，因此，从动力学角度来看，过冷液相的黏度（η）或扩散行为对非晶合金的形成是非常重要的,也是确定合金玻璃形成能力的重要参数。黏度与熔体冷却时原子的迁移率有关。因此,无论是金属还是非金属,黏度的增加都会导致原子扩散率的降低。在这方面,黏度对温度很敏感,特别是接近玻璃化转变温度(Glass Transition Temperature,T_g)时。为此,Angell 提出了液体的脆性概念来定量描述凝固过程中动力学行为的多样性。黏度随温度接近 T_g 时的行为可以用脆性的陡度指数(m)表征:

$$m = \left[\frac{\mathrm{d}\eta(T_g/T)}{\mathrm{d}(T_g/T)}\right]_{T=T_g} \tag{1-4}$$

脆性值低的熔体属于"强"体系,脆性值高的熔体属于"脆"体系。液体脆性反映了冷却过程中结构的演变,因此脆性与玻璃形成能力非常相关。强玻璃形成液体(如二氧化硅熔体)的黏度与温度呈 Arrhenius 关系。而脆性液体(如非晶合金熔体)呈现高度非 Arrhenius 行为,通常用修正的 Vogel-Fulcher-Tammann(VFT)关系来描述:

$$\eta(T) = \eta_0 \exp\left(\frac{D^* T_0}{T - T_0}\right) \tag{1-5}$$

其中,η_0 是黏度的无限温度极限,D^* 是液体的动力学脆性参数,T_0 是理想的玻璃化转变温度。参数 D^* 反映了黏度对温度变化的敏感性,越高的 D^* 值表明在动力学上越强的液体行为。图 1.4 为 Angell 绘制的脆性强度图,比较了各种玻璃形成液体的黏度对温度的依赖性。非晶合金的过冷液体的动力学脆性在强液体的二氧化硅($D^* > 100$)和脆液体的邻三苯($D^* = 2$)之间,其范围通常为 $10 \sim 26$。研究发现在过冷液体中,强液体(低脆性行为)表现为高黏度和缓慢动力学特征,从而抑制了晶态相的形核和长大,因此通常这类材料具有较大的玻璃形成能力。

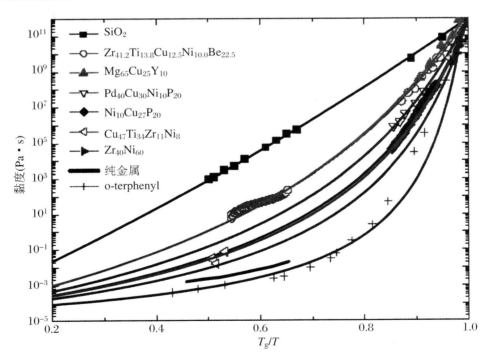

图 1.4 不同材料的液体脆性图

非晶合金形成的热力学和动力学关系可由 Adam-Gibbs 的关系式表示:

$$\eta = A\exp\left(\frac{B}{TS_{\mathrm{C}}(T)}\right) \tag{1-6}$$

其中, η 为黏度, A 和 B 都是与温度无关的常数, $S_{\mathrm{C}}(T)$ 是构型熵。这个公式表明了非晶合金形成热力学和动力学性质的基本结构起源于过冷液体的结构顺序,两者之间存在较小的自由能差值,同时原子在过冷液相中呈现出致密、高效的堆积模式。因此,非晶合金形成本质上取决于冷却时增加的吉布斯自由能驱动力(热力学)和增加的黏度(动力学)的竞争,如典型的时间-温度-转变(Time-Temperature-Transformation,TTT)图 1.5 所示。鼻子状的曲线将晶态相和非晶态相分开,对于具有良好的玻璃形成能力的非晶合金体系来说,鼻子状曲线的位置将向右侧移动,临界冷却速率会更小,因此选择合适的合金体系和组成成分对制备块体非晶合金至关重要。

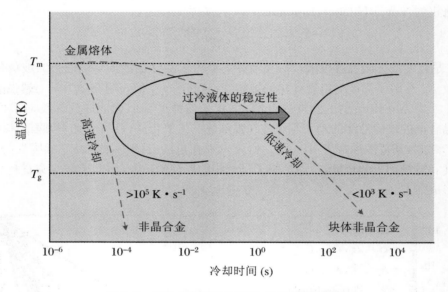

图 1.5 非晶合金形成的时间-温度-转变曲线

1.2.3 非晶合金的玻璃形成能力判据

非晶合金作为一种具有独特结构和优异性能的新型金属材料,其工程化应用面临着尺寸制备的挑战。目前,实验报道中最大的临界尺寸非晶合金属于贵金属 Pd 基非晶合金体系。通过水淬处理 $Pd_{42.5}Cu_{30}Ni_{7.5}P_{20}$ 合金,研究人员在临界冷却速率低至 $0.067\,℃\cdot s^{-1}$ 的条件下成功获得了直径为 80 mm 的块体非晶合金。尽管如此,科研人员仍然致力于探索更大尺寸和更高玻璃形成能力的非晶合金。在解释非晶合金的玻璃形成能力方面,研究人员尝试通过各种标准和参数进行探索,以寻找更大尺寸的非晶合金。基于大量实验数据,提出了如"混淆准则""Inoue 三原则"以及"深共晶点准则"等经验性规律,这些规律已成为指导高玻璃形成能力和宽过冷液相区合金成分选择的重要理论基础。然而,目前仍缺乏一个全面概括和解释非晶合金玻璃形成能力的普适性参数。

现有的玻璃形成能力判据主要包括以下几类:与非晶形成尺寸相关的临界冷却速率(Rc)判据,依赖非晶合金特征温度的玻璃形成能力判据以及基于大数据驱动的通用判据。

这些判据和标准为研究人员提供了理论支持,但仍需要进一步研究和优化,才可以更好地理解和提升非晶合金的玻璃形成能力。

1. 临界冷却速率判据

目前,判断非晶合金玻璃形成能力最直观的方法是测定制备样品的非晶形成临界尺寸(t,cm)以及相应的临界冷却速率(R_c,℃ · s^{-1})。两者之间的关系可以通过以下公式表示:

$$R_c = 10/t^2 \tag{1-7}$$

从临界冷却速率判据来看,随着临界冷却速率的降低,非晶形成尺寸越大,相应的玻璃形成能力也就越高。非晶形成尺寸每增加一个数量级,临界冷却速率通常会下降两个数量级。对于玻璃形成能力较低的二元合金体系,临界冷却速率通常需要达到105～106℃ · s^{-1}才能获得完全非晶结构。在这种高冷却速率条件下,过冷熔体中的原子没有足够时间实现周期性晶格排列,因此无序的原子结构能够保持到较低温度,并在玻璃转变温度以下形成非晶合金。然而,这样高的临界冷却速率自然限制了非晶形成尺寸,使其通常以尺寸小于100 μm 的粉末、金属丝和条带等形式存在。同时,非晶形成尺寸高度依赖于制备工艺条件,使得临界冷却速率难以准确测量。因此,在实际应用中,非晶形成的临界尺寸和临界冷却速率这两个参数存在较大的不足,需要寻找一些更为简便实用的玻璃形成能力判据来预测非晶合金的形成。

2. 特征温度相关的玻璃形成能力判据

20 世纪 60 年代,Turnbull 等人基于非平衡凝固理论提出了一个与玻璃转变温度(T_g)和合金熔点(T_m)相关的判据,用于评估合金的玻璃形成能力。该判据引入了约化玻璃转变温度(T_{rg}),其数学表达式为:

$$T_{rg} = T_g/T_m \tag{1-8}$$

通常,T_{rg}值越大,表明 T_g 与 T_m 之间的温度间隔越小,那么越过该温度间隔就越容易,预示着该合金体系具有较高的玻璃形成能力,尤其在预测深共晶区域成分方面具有优势。研究表明,$T_{rg} = 2/3$ 为临界值,T_{rg}值越接近或大于 2/3,合金的玻璃形成能力就越强,因为这意味着合金在冷却过程中更容易避免晶化,直接获得非晶态结构。然而,对于多元合金体系,理论模型与实验结果往往存在差异,玻璃形成能力与相关判据的匹配度较低。在此基础上,Inoue 等人通过过冷液相区宽度(ΔT)来预测非晶合金的玻璃形成能力,其被定义为初始晶化温度(T_x)和 T_g 两者之间的温度差值:

$$\Delta T = T_x - T_g \tag{1-9}$$

从表达式中可以看出,ΔT 值的增大通常意味着过冷液相区域的宽度增加,进而提升了过冷液相的热稳定性。在更广泛的温度范围内,过冷液相能够维持稳定状态,避免晶体化,从而更容易形成非晶合金。因此,较大的过冷液相区域在一定程度上被认为是高玻璃形成能力的标志。然而,这种关联并非适用于所有合金体系,某些情况下 ΔT 值和 T_{rg}值可能不一致。因此,Lv 等人改进了上述判据,并进一步提出了 γ 参数判据:

$$\gamma = T_x/(T_g + T_l) \tag{1-10}$$

其中,T_l 为合金的液相线温度。该参数与临界冷却速率有较强的相关性,但与临界玻璃尺寸的相关性较弱。因此,这表明临界冷却速率并不能直接等同于临界尺寸,非晶合金的玻璃形成能力应由多种因素共同决定。随后,Xiao 等人提出了类似的约化过冷液相区(ΔT_{rg})判据:

$$\Delta T_{rg} = (T_x - T_g)/(T_l - T_g) \tag{1-11}$$

这两个判据的共同点在于均基于非晶合金的特征温度参数。通过分析这两个公式可以得出，随着 γ 值和 ΔT_{rg} 的增大，所选合金体系的玻璃形成能力相应提高。这表明，在评估玻璃形成能力时，这些温度相关参数是重要的指标，且它们的较大数值通常与合金体系较强的玻璃形成倾向相关。

综上所述，这些基于特征温度推导出的参数在评估合金体系的玻璃形成能力方面具有一定的有效性，并为理解非晶合金的形成机制提供了有价值的见解。然而，这些参数依赖于已制备合金的热力学性质，因此在筛选和制备具有高玻璃形成能力的成分时，预测性仍然有限。此外，这些特征温度参数在实际应用中存在一些不足，特别是对于复杂的多组元合金体系，玻璃形成能力的影响因素更为多样，单一参数难以全面描述和准确预测其玻璃形成潜力。进一步来说，这些参数主要反映了体系的热力学稳定性，却忽视了动力学因素对玻璃形成过程的重要影响。事实上，在实际冷却过程中，非晶合金的形成不仅依赖热力学条件，还受到冷却速率、熔体处理方式等动力学因素的显著作用。

3. 指导玻璃形成能力的通用判据

非晶合金的玻璃形成能力与其特定的结构特征密切相关，特别体现在组成原子在三维空间中的有效堆积或形成短程和中程有序结构。这些结构特征不仅增强了玻璃形成能力，还对其特征温度产生了直接影响。虽然对非晶合金结构的具体描述仍存在争议，但弹性常数和特征温度的数值主要受到原子间内聚能的影响，因此理论上二者应存在一定的相关性。基于这一假设，研究人员尝试建立弹性模量（E）与玻璃转变温度（T_g）之间的关系模型，以更好地理解非晶合金的形成机制。Wang 等人通过对不同体系的非晶合金数据进行分析，发现弹性模量（E）与玻璃转变温度（T_g）之间存在线性关系。这一关系可以表示为

$$T_g = 2.5E + 211 \tag{1-12}$$

类似的，体积模量（K）与晶化起始温度（T_x）之间，以及弹性模量（E）与液相线温度（T_l）之间也保持线性关系。它们的计算关系可以表示为

$$T_x = 2.68K + 450 \tag{1-13}$$

$$T_l = EV_m/114R \tag{1-14}$$

其中，V_m 为非晶合金组成元素间的平均摩尔体积加权值。通过建立弹性常数与特征温度之间的关系，可以在已知非晶合金的具体成分时，计算出与特征温度相关的玻璃形成能力参数，从而初步评估该合金成分的玻璃形成能力。基于这一思路，Liu 等人对相关公式进行了修正。尽管他们的研究更侧重于特征温度与断裂力学之间的关系，这些修正提高了使用给定合金成分进行初步玻璃形成能力预测的可靠性。这些修正公式提供了更精确的工具来评估非晶合金的玻璃形成潜力，从而推动了材料科学中的应用和研究。

传统上，非晶合金的玻璃形成能力探索依赖于试错法，这种方法不仅耗费大量的人力和物力，还效率低下。然而，自材料基因组计划提出以来，高通量筛选非晶合金成分成为该领域的一个重点研究方向。高通量策略的出现显著提高了研究效率，使得在短时间内可以批量制备和测试多种合金成分。目前的挑战在于如何对这些成分进行定向表征，以便快速评估其玻璃形成能力。非晶合金的长程无序和短程有序特征已被广泛认可，这些特征的波动性和异质性会影响晶化的热力学和动力学过程。研究人员试图通过观察不同合金成分的结构差异，并结合高通量策略的大数据特征，寻找通用的判据来评估玻璃形成能力。最近，Liu 等人在前期工作的基础上实现了非晶合金新体系的高通量、流程化研发。他们成功打通了高通量实验和自动数据分析的环节，采集并分析了 5700 余种成分的 X 射线衍射图谱

（XRD）数据。研究发现，在同一合金体系内，X 射线衍射图谱中第一个峰的峰宽（Δq）随着成分变化呈现规律性变化，表明 Δq 与合金的玻璃形成能力显著相关。Δq 较大的体系通常具有较高的玻璃形成能力。在两种新的 Zr-Cu-Cr 和 Ir-Co-Ta 合金体系中，他们发现了具有高玻璃形成能力且能够形成块体非晶合金的新体系，这进一步验证了 Δq 作为通用判据的有效性。

1.2.4　非晶合金的结构特征

非晶结构的探索一直是理解非晶合金形成过程的关键，因此非晶合金从诞生开始便从未停止对其结构的解析。非晶合金的结构不同于晶体结构的三维周期性的规则排列，而是具有长程无序的特征，难以通过实验表征，因此至今对其结构的理解仍模糊不清。为了进一步分析非晶合金的微观结构，科研人员开展了大量的相关实验和模拟，通过分析一系列不同化学成分和原子尺寸比的二元系统，证明了非晶合金中的局部原子有序，并发现了以溶质为中心的短程有序（Short-Range Order，SRO）团簇，而且这些团簇会聚集并连接成中程有序（Medium-Range Order，MRO）结构，如图 1.6 所示。Chen 等人利用埃尺度相干电子衍射方法并结合分子动力学模拟研究 $Zr_{66.7}Ni_{33.3}$ 非晶合金的局部原子构型，直接观察并证实了非晶的短程有序原子团簇的特征衍射图谱。该研究直接证明了无序的非晶合金中存在局部原子有序，即存在短程有序和中程有序，这为确定无序材料的局部原子结构提供了重要依据。

根据经典晶体形核理论，金属合金的成核速率强烈依赖于原子扩散率和过冷液体的黏度。因此，最密集的原子堆积排布最有可能成为非晶合金的结构，而局部二十面体（Icosahedral）结构正是密排堆积结构，并具有缺乏周期性和难以长大的特点，因此二十面体短程有序结构被认为是过冷液体和非晶合金的基本结构单元。其中，理想二十面体团簇的配位数为 12，并且溶质原子与溶剂原子之间的原子尺寸比为 0.902。二十面体结构拥有完美的五次对称特征，但不具有平移对称性，因而理想二十面体短程有序并不能完全填充整个三维空间，而会存在几何阻挫现象。事实上理想的二十面体团簇在某些非晶合金中所占比例非常低，但局域五次对称性在非晶合金中普遍存在。另外，研究发现非晶合金中二十面体短程有序团簇可以通过局域扭曲消除几何阻挫现象来保持五次对称性。因此，非晶合金中真实的二十面体短程有序结构会发生一定程度变形扭曲，但同时具备密排堆积和五次对称性等结构特征，这种短程有序可以统称为类二十面体团簇（Icosahedral-like clusters，ICO-like clusters）。Ma 和 Li 等人发现非晶合金的短程有序结构呈现出多样，但主导的仍是五次对称性有序结构。为了区别不同类型的有序结构，科研人员常用 Voronoi 多面体来表示不同的密堆结构。Voronoi 多面体是指选择一个中心原子，并把该原子与所有近邻原子进行连线，然后把它们的三维垂直平分面和二维垂直平分线所围成的最小体积多面体称为该原子的 Voronoi 多面体。不同类型 Voronoi 多面体用 Voronoi 指数区分，即 $\langle n_3, n_4, n_5, n_6, \cdots, n_i, \cdots \rangle$，其中 n_i 表示 Voronoi 多面体中具有 i 次对称的 i 边形的面数，所有 n_i 的加和则表示 Voronoi 多面体的配位数。而 Voronoi 多面体的配位数是指中心原子所拥有的最近原子数目，通常配位数越大，原子排列越紧密。一个二十面体短程有序结构的 Voronoi 指数为 $\langle 0,0,12,0 \rangle$，表明该二十面体由 12 个五次对称面组成，且中心原子配位数为 12。研究表明非晶合金的三维结构可以用不同类型的 Voronoi 多面体拼砌而成，且一个非晶合金中的 Voronoi 多面体种类繁多,这也反映了非晶合金的局部有序结构的复杂性。由于非晶合金中普遍存在局域五次对称性,因此为了将非晶中多样性的局部结构统一表述出来,采用 Voronoi 多面体中五边形的面占比来统计局域五次对称性的含量。二十面体是局域五次对称性最高的团簇,其含量为 1,而晶体因具有平移对称性,故晶体相的局域五次对称性含量为 0。因此,五边形的面占比越小,越倾向于晶体相结构,反之,则越倾向于二十面体。进一步研究发现,局域五次对称性含量高的 Voronoi 多面体团簇倾向于连接在一起,这表明非晶合金也有可能存在中程有序。

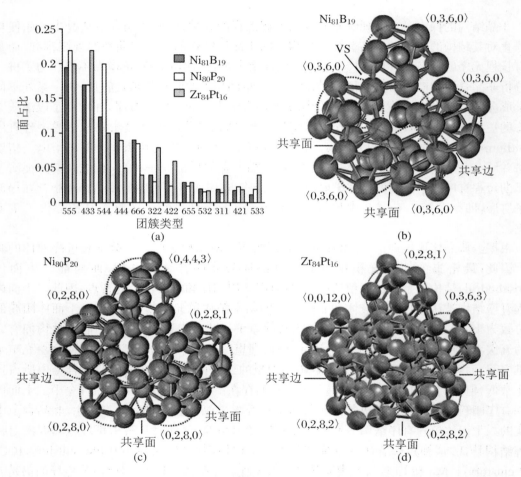

图 1.6　非晶合金中的短程有序团簇和中程有序结构

为更好理解非晶合金的结构,科研人员构建了不同的结构模型,主要包括硬球无规密堆模型、团簇密堆模型和准等同团簇模型等。这些模型主要遵循无序和密堆的原则,虽然在一定程度上都可以描述非晶合金的结构特征,但这些理论模型也都存在一定的局限性。然而,随着现代表征技术的进步,对非晶结构的理解也在不断地深化。Yang 等科研人员最近通过原子电子断层扫描重建方法,直接确定了非晶合金中三维原子位置。进一步确定了非晶合金中的短/中程有序结构,并且发现一些短程有序结构相互连接形成晶体状超团簇,从而产生中程有序结构。另外,还发现了四种晶态中程有序结构:面心立方结构、密排六方结构、体心立方结构和简单立方结构。这项研究结果不仅为团簇密堆模型提供了实验证据,也加深了人们对非晶合金三维结构的理解。此外，Lan 等人通过先进的技术发现了 6M-TTP 六元三棱柱团簇，该团簇是一种用于桥接非晶体和晶体的中程有序结构。目前对非晶合金结构的研究已经取得了巨大的成果，但非晶结构的奥秘仍需要进一步探索。随着实验表征技术和理论模拟的不断发展，必然会在解析非晶结构这一难题上取得更大的突破。

1.3　非晶合金的变形机制

对于传统的晶态金属材料来说，其塑性变形可以通过位错、孪晶、层错或者马氏体相变等方式进行；而非晶合金由于缺乏长程有序结构，其塑性变形主要依赖于剪切带的形成和扩展。然而，由于非晶合金内部原子尺度的结构信息难以表征，导致其剪切带的萌生机制至今仍存在很大的争议，为解释非晶合金的形变机制，科研人员建立了非晶合金的形变表象学模型。这些模型在一定程度上都可以解释非晶合金的形变特点，比如局域化应变和剪切带的演化过程等。正是由于非晶合金具有长程无序和短/中程有序的结构特征，以及高度局域化的剪切变形特点，使得非晶合金在强度、硬度以及弹性极限等力学性能方面表现出卓越的优势，因此，作为结构材料，非晶合金具有巨大的应用潜力。

1.3.1　非晶合金的变形机制

1. 自由体积模型

自由体积模型源自 Cohen 和 Turnbull 的"自由体积"（Free Volume）理论，Spaepen 在非晶合金变形方面将其与"硬球模型"结合，描述了非晶合金在外载荷下通过自由体积的增殖和湮灭相竞争的过程。自由体积是指一个原子与周边最近邻原子之间所围成的局部空间，该原子在此空间内自由移动不会引起系统能量的变化。在外载荷下，非晶合金中的原子可以通过原子间隙移动到具有高自由体积的区域，一系列离散的原子跃迁会引起局部塑性变形。Gilman 和 Spaepen 等人研究发现在外加载荷作用下，非晶合金的变形引起的应变软化是非晶合金的一个明显特征，其原因在于自由体积的增加。在无外加载荷下，由于自由体积的产生和湮灭速率相等，所以自由体积保持恒定。但在外加载荷作用下，自由体积产生的速率大于湮灭速率，这就导致软化发生并造成宏观上的塑性变形。自由体积模型不仅为非晶合金的局部应变软化提供了简单清晰的解释，而且还揭示了非晶合金在不同温度和不同应力条件下的（非）均匀流变行为。自由体积模型虽然广泛用于定性分析和解释非晶合金的力学性能，但该模型只考虑了单个原子的运动，而且不能描述在变形过程中组成原子如何在剪切带内移动和重新排列。

2. 剪切转变区模型

Argon 等人在二维原子模拟气泡筏的研究基础上，最早提出了"剪切转变区"（Shear Transformation Zone，STZ）模型，以解释非晶合金的塑性变形。在外加剪切应力的作用下，一个局部紧密排列的原子团簇会自发地、协同地重新排列和重组，以适应剪切变形。本质上，在剪切应力下，原子团簇经历了一个非弹性剪切畸变，即从一个相对低能量的构型到另一个具有低能量的构型。随着外加应力的增大，激活了更多的剪切转变区，并在最大切应力面上聚集形成剪切带,从而导致剪切膨胀和应变软化。值得注意的是,剪切转变区与晶体中的晶格缺陷不同,它不是非晶合金中的结构缺陷,而是原子团簇从一种应变状态到另一种应变状态的变化。

Argon 提出了第一个描述剪切转变区的定量模型,剪切畸变过程是在周围非晶基体的弹性约束下进行的,这就导致了剪切转变区周围的应力和应变重新分布。基于此,剪切转变区的激活能可表示为

$$\Delta F_0 = \left[\frac{7 - 5\nu}{30(1 - \nu)} + \frac{2(1 + \nu)}{9(1 - \nu)} \beta^2 + \frac{1}{2\gamma_0} \cdot \frac{\tau_0}{\mu(T)} \right] \cdot \mu(T) \cdot \gamma_0^2 \cdot \Omega_0 \qquad (1-15)$$

其中,ν 为泊松比;τ_0 为剪切转变区的绝热剪切应力;$\mu(T)$ 为与温度相关剪切模量;β 为体积膨胀与剪切形变的比值;γ_0 是剪切转变区的特征应变,随成分和结构的变化而变化,通常约为 0.1;Ω_0 为剪切转变区的特征体积。一般的,剪切转变区的激活能为 1～5 eV,即 20～120 kT_g,其中 k 和 T_g 分别为玻尔兹曼常数和玻璃化转变温度。这表明剪切转变区可以作为非晶合金变形的基本单元,但不同成分或制备工艺的非晶合金中剪切转变区的结构、尺寸和激活能会各不相同。由于非晶合金固有的空间异质性(Spatial Heterogeneity),导致在同一个非晶合金中不同区域的剪切转变区激活能也存在一个较宽的分布范围。通常来说,自由体积分数较高的区域,其激活能会更低,因此,非晶合金在宏观上处于弹性变形时,其内部也会有剪切转变区被激活。

3. 协同剪切模型

Johnson 和 Samwer 在 Frenkel 关于无缺陷晶体剪切强度确定的启发下,结合固有态和势能形貌理论,提出了剪切转变区的协同剪切模型,明确地揭示了非晶合金的塑性屈服对温度的依赖性和其室温下的塑性行为。基于协同剪切模型,非晶合金的剪切转变区的激活能可表示为:$W = (8/\pi^2)\mu\gamma^2\zeta\Omega$,而在 T_g 温度下其激活能为 37.8 kT_g。协同剪切模型还可以推导出非晶合金的剪切弹性应变极限:

$$\gamma_C(T) = \tau_y/\mu = \gamma_{C0} - \gamma_{C1}(T/T_g)^{2/3} \qquad (1-16)$$

其中,τ_y 为理论剪切屈服强度,γ_{C0} 与 γ_{C1} 为常数。从这个公式可以看出,在远低于 T_g 温度下,剪切转变区的激活能会迅速增加从而导致非晶合金难以发生塑性变形。

除了上述三种形变表象学模型以外,科研人员还提出了其他众多模型,比如 Wang 等科研人员提出的流变单元(Flow Nuit)模型。该模型认为非晶合金可视为完全弹性的理想非晶相和流变单元的组合,而流变单元的萌生和演化过程可以看作类液相在理想非晶基底上的形核和长大过程。非晶合金的应变软化和塑性变形流变单元相关,而且 β 型弛豫也是流变单元内原子的动态响应过程,因此该模型将非晶合金的塑性变形和弛豫过程与流变单元的演化和相互作用直接关联,如图 1.7 所示。基于该模型,推导出非晶合金的剪切强度:

$$\tau_c = 2\gamma G_{ideal}/(1 + \alpha) \qquad (1-17)$$

其中,G_{ideal} 是理想非晶的切变模量,α 是与非晶合金中流变单元含量有关的参量。从该公式可以看出非晶合金的强度主要取决于其原子键合强度和流变单元的软化作用。然而,对于流变单元的研究仍具有巨大挑战,至今仍未完全理解流变单元的激发和作用机制。

以上各种关于非晶合金变形的理论模型都有其独特的优势和限制。然而,非晶合金的宏观变形都是通过剪切带来实现的,因此对剪切带的研究对于理解非晶合金的塑性变形至关重要。剪切带的萌生可以分为三种方式:均匀形核机制、非均匀形核机制和"两阶段"形核机制,其中"两阶段"形核是指:首先是应力集中处的剪切转变区被激发,造成局域的结构无

序化程度增加和应变软化,这个过程从应力集中处以约 10^3 m·s^{-1} 的速度扩展,形成一个薄带,该薄带内的应变量以及剪切滑移量都极小,薄带内的温度也较低。然后非晶合金沿着薄带发生协同滑移,随着剪切滑移量的增加,剪切带内部的温度开始增加,薄带的宽度也随之增大形成名义上的剪切带,在外加应力的作用下,剪切带开始扩展,其扩展速度小于之前。剪切带的扩展和分布也会受到非晶合金的成分和微观组织等内在因素以及样品尺寸、测试方式、实验温度和应变速率等外在因素的影响。

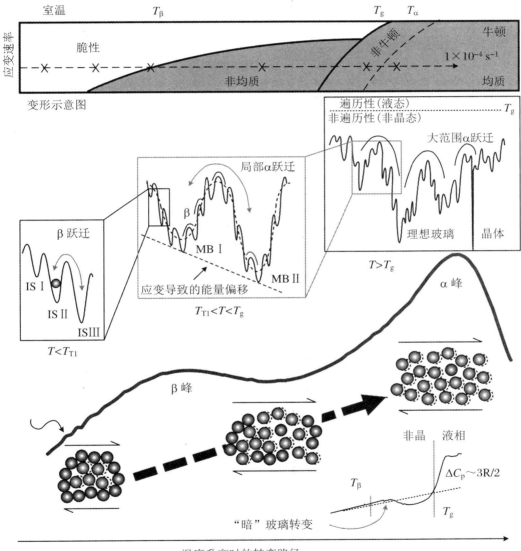

图 1.7　非晶合金在玻璃化转变过程中类液区的演化、变形、弛豫以及能量状态的关联图

1.3.2　非晶合金的断裂机制和韧性

非晶合金因塑性变形高度集中在单一或少量的剪切带中,因此在远低于玻璃化转变温度下常表现出极为突然的脆性断裂,这严重限制了其实际应用。非晶合金根据失效形式可以分为韧性非晶合金和脆性非晶合金。韧性非晶合金,如 Zr 基、Pd 基和 Ti 基等,在断裂前经历剪切变形,裂纹沿着剪切带进行扩展,这类非晶合金的断裂韧性与高韧性钢相当,高达 $200\ \text{MPa} \cdot \text{m}^{1/2}$。而脆性非晶合金包括如 Fe 基、Co 基和 Mg 基等,它们在断裂前难以诱发剪切带,而是解理主导的脆性断裂,这类非晶合金的韧性较低。因此,研究非晶合金的失效行为和断裂机理对其作为结构材料的应用来说是极其重要的。

1. 非晶合金的断裂机制

非晶合金的断裂准则主要有五种,分别是最大切应力准则(Tresca 准则)、最大正应力准则、Mohr-Coulomb 准则、Von Mises 准则和椭圆准则。椭圆准则是 Zhang 和 Eckert 等人综合前四个准则基础上提出的,其表达式为

$$\frac{\tau^2}{\tau_0^2} + \frac{\sigma^2}{\sigma_0^2} = 1 \tag{1-18}$$

其中,τ 和 σ 分别是剪切面上的切应力和正应力,τ_0 是纯剪切失效时的临界剪切强度,σ_0 是拉伸正断时的临界正断强度。椭圆准则可以与经典的屈服/断裂准则在不同条件下进行相互验证,因此其又被称为统一的拉伸断裂判据。在此基础上,Qu 等人通过倾斜缺口拉伸实验进一步验证了该准则的准确性,并在此基础上推导出能量形式的椭圆准则。尽管椭圆准则能够较好地描述非晶合金在拉伸应力状态下的断裂行为,但考虑到非晶合金普遍存在的拉压不对称性,因此它并不能准确预测非晶合金在压缩情况下的断裂行为。鉴于这一问题,Qu 和 Zhang 等人对椭圆准则进行了修正,引入了一个外因参量 β,建立了普适性准则

$$\tau^2 + \alpha^2\beta\sigma^2 = \tau_0^2 \tag{1-19}$$

其中,α 为断裂方式因子,$\alpha = \tau_0/\sigma_0$。该准则能够精确地预测非晶合金的拉伸/压缩剪切角和断裂行为,这对优化性能具有重要指导意义,如图 1.8 所示。

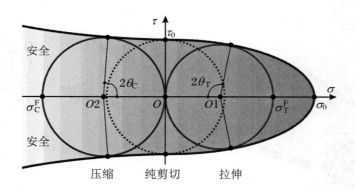

图 1.8　普适性准则在正-切应力空间中预测的临界屈服/断裂轨迹

2. 非晶合金的韧性

材料的韧性是指材料在断裂前吸收塑性变形功和断裂功的能力,可以分成三类:静力韧性、冲击韧性和断裂韧性。静力韧性是指在静拉伸载荷下单位体积材料断裂前所吸收的功。对于非晶合金来说,尤其是块体非晶,在远低于玻璃化转变温度下,其表现出无拉伸塑性的特征,因此,非晶合金的静力韧性一般不是重要研究对象。冲击韧性是指在冲击载荷下抵抗裂纹扩展的能力,它对材料内部缺陷比较敏感,是结构材料非常重要的力学性能之一。然而,对非晶合金冲击韧性的报道较少,这主要是因为大多数非晶合金受困于玻璃形成能力,

不能制备出具有夏比冲击试样所需要的尺寸。与常见的晶态金属材料,如钛合金、镁合金和钢铁相比,非晶合金通常具有较低的冲击韧性,这主要源于其相对较差的塑性特点。因为塑性对非晶合金的冲击韧性具有显著影响,所以那些能够在变形中引发多重剪切带的韧性非晶合金通常比脆性非晶合金具有更高的冲击韧性。另外,冲击韧性实验比较容易且准确地显示金属材料的低温脆性倾向,因此,冲击韧性实验经常用于测试金属材料的韧脆转变温度。晶体金属材料中体心和密排六方金属及合金在低温下常会发生明显的韧脆转变现象,但非晶合金有无韧脆转变现象还没有一致的结论。Ramamurty 等人最先通过夏比冲击韧性实验对 Vit.1 非晶合金开展了韧脆转变的研究,其研究结果表明该铸态非晶合金具有韧脆转变现象,且韧脆转变温度约为 200 K,同样的方式对退火弛豫态 Vit.1 非晶合金进行冲击测试,发现其韧脆转变温度约为 600 K。最近,Yao 等人对 $(Ti_{41}Zr_{25}Be_{26}Ni_8)_{93}Cu_7$ 块体非晶合金进行标准的夏比冲击韧性实验,发现这种非晶合金并没有呈现明显的韧脆转变,但随着温度的降低,其冲击韧性会持续下降。无论非晶合金是否具有低温脆性现象,非晶合金在较宽的温度范围内都能保持韧性,这使得非晶合金在低温环境下有非常好的应用前景。

断裂韧性的研究起源于 Griffith 等人对脆性材料强度降低的解释,首要的观点是实际材料中存在的宏观缺陷,主要描述的是裂纹体的断裂临界条件和裂纹发展规律。根据裂纹与外加应力之间的方向关系,裂纹扩展有三种基本形式:张开型(Ⅰ型)裂纹扩展、滑开型(Ⅱ型)裂纹扩展和撕开型(Ⅲ型)裂纹扩展,其中Ⅰ型裂纹扩展最危险,因此该类型的裂纹扩展研究最为广泛。对于材料断裂韧性的定量评估,主要是两种方法:能量准则(临界能量释放速率 G 和 J(积分)和应力场强度因子 K。非晶合金的Ⅰ型断裂韧性对成分相当敏感,韧性非晶合金,如 Zr 基和 Pd 基非晶合金,其断裂韧性可高达 200 MPa·m$^{1/2}$;脆性非晶合金,如 Mg 基非晶合金,其断裂韧性可低至 2 MPa·m$^{1/2}$,如图 1.8 所示。值得注意的是,相比于在拉伸状态下非晶合金无拉伸塑性的缺陷,非晶合金却在断裂韧性测试中通常可以观察到裂纹尖端萌生多重剪切带,尤其韧性非晶合金可以形成毫米级的塑性区。通过对比非晶合金在不同应力状态下的不同行为,可以发现非晶合金可表现出不同于晶态金属材料的缺口效应。正是由于剪切带的增殖和交互作用,增强了非晶合金的塑性变形能力,并降低了裂纹扩展的驱动力和钝化了裂纹尖端。剪切带演化成裂纹也会因剪切带的交互作用发生偏转和分叉,使得Ⅰ型裂纹逐渐转变为Ⅰ+Ⅱ混合型裂纹,从而极大地提高了非晶合金的断裂韧性。Lewandowski 等人发现非晶合金的断裂韧性与材料的剪切模量和体模量的比值 G/B 有关,即韧脆转变的临界值为:$G/B=0.41\sim0.43$,$\nu=0.31\sim0.32$,其中 ν 是非晶合金的泊松比,$\nu=[3(B/G)-2]/[6(B/G)+2]$。韧性非晶合金的 ν 值通常都在此临界值以上,比如 $Pt_{57.5}Cu_{14.7}Ni_{5.3}P_{22.5}$ 非晶合金的泊松比为 0.42,其断裂韧性约为 80 MPa·m$^{1/2}$。通过该临界值可以调控非晶合金的成分来实现断裂韧性的提升,比如 Fe 基非晶合金通过提高 ν 值,其断裂韧性从 5.7 MPa·m$^{1/2}$ 提高到 52.8 MPa·m$^{1/2}$,韧性提高了 8 倍以上,但并非所有体系的非晶合金都满足这个临界值关系。比如 Mg 基非晶合金的 ν 值在 0.32 以上时,其断裂韧性仍难以提高;Cu 基非晶合金的 ν 值约为 0.36 时,其断裂韧性值仍有很大差别。因此,高的 ν 值可能是制备高韧性非晶合金的一个有利条件,但还需考虑其他因素。

Xu 等人基于非晶合金的结构特点提出了在非晶合金中多引入高能量且易发生剪切转变的团簇,并通过这些团簇来诱发更多剪切带的合金设计思路。基于这个思路可以调整非晶合金的成分,以及增加合金凝固时的冷却速率来增加有利团簇和断裂韧性。除了诱发剪切带增韧以外,科研人员还发现稳定剪切带扩展同样也可以增韧,为此提出了剪切带稳定性

的参数 f：

$$\log(f) \sim \frac{T_g}{T}\left(\frac{B}{G} - 1\right) \qquad (1\text{-}20)$$

从这个公式可以看出，参数 f 越大，越有利于增韧。这个公式本质上是与剪切转变区激活能公式相统一的，它们都表明剪切模量越低，剪切转变区越容易激活，塑性变形能力就越大，从而避免发生脆性断裂。

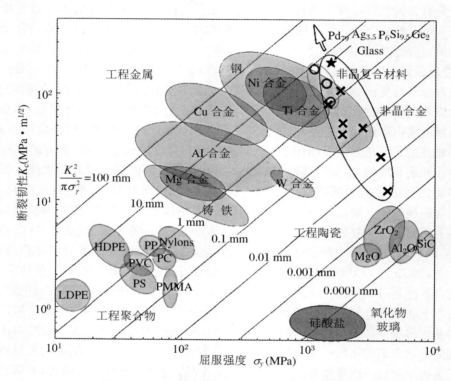

图 1.9　不同材料的屈服强度与断裂韧性的关系图

　　虽然非晶合金断裂韧性的研究正如火如荼地进行，但仍存在许多问题。首先是非晶合金的断裂韧性测试并不统一，并不是所有的非晶合金都按照 ASTM E399 标准来制备断裂韧性样品和进行测试的，因此，断裂韧性的比较存在着较大的争论。不能实行统一的韧性测试方法的主要原因是不同成分的非晶合金具有显著差异的玻璃形成能力，因而导致其样品尺寸难以一致化。另外，非晶合金的断裂韧性具有很大的分散性，比如 Vit.101（$Zr_{41.2}Ti_{13.8}Ni_{10}Cu_{12.5}Be_{22.5}$）非晶合金的断裂韧性值可从约 17.9 MPa $\cdot$ m$^{1/2}$ 变化到约 68 MPa $\cdot$ m$^{1/2}$。出现这种现象的原因有很多，主要是非晶合金对成分、杂质、缺陷和制备工艺条件等比较敏感。

1.3.3　非晶合金的韧塑化方法

　　材料科学的核心议题之一就是通过调控材料的微观结构来实现所需的力学性能。对于晶态金属材料而言，其塑性变形主要源于位错运动，而力学性能的提升则依赖于调控晶界、第二相颗粒、孪晶或相变与位错运动的协同作用。然而，非晶合金不存在位错、晶界等缺陷，也不能通过孪晶或相变来协调变形,其塑性变形的载体是剪切带,变形模式是高度局部化的非均匀剪切方式。因此,为了增强非晶合金的韧性和塑性,关键在于有效地抑制单一剪切带的快速扩展,同时促进多重剪切带的萌生、增殖和交互作用。目前非晶合金的塑韧化的主要策略分为内塑韧化和外塑韧化两种。内塑韧化方法是在非晶合金中调控内在特性,如弹性常数和多尺度的非均匀结构。材料的弹性常数直接反映了材料的化学键和微观结构,而弹性常数又能直接决定材料在受力过程中变形的特征,因此非晶合金在调控其力学性能时也密切关注其弹性常数的变化。目前,非晶合金的弹性常数与塑韧性对应关系中认可度最高的还是非晶合金的泊松比与断裂韧性的正比关系。两个典型的例子:$Pd_{79}Ag_{3.5}P_6Si_{9.5}Ge_2$ 非晶合金是目前断裂韧性最高的非晶合金,具有非常高的泊松比(0.42),同样表现出高韧性的 $Zr_{61}Ti_2Cu_{25}Al_{12}$ 非晶合金也具有较高的泊松比(0.367)。这些具有高泊松比的非晶合金表现出高韧性源于剪切流变模式战胜了膨胀开裂模式。高泊松比的非晶合金一般容易发生剪切流变,且容易在裂纹尖端萌生多重剪切带,形成大的塑性变形区,从而增大了裂纹扩展阻力。从结构上讲,高泊松比的非晶合金往往具有更多自由体积,剪切转变区的激活能越低,所以剪切带更容易萌生且交互作用更强烈。然而,非晶合金的力学性能对成分非常敏感,合金体系的变化甚至是微量元素的调整都会显著影响其塑性和韧性,因此可以基于弹性常数来设计非晶合金的成分。当然,该种方法仍然存在难点,即非晶合金的泊松比与其力学性能并不能一一对应,而且还存在一些反例,因此基于弹性常数指导非晶合金的力学性能的方法还有很长的路要走。

非晶合金的空间异质性已经被广泛证实,利用其结构不均匀性来塑韧化是一种非常可行的办法。Liu 等人通过调控软区包围硬区的特殊结构成功地制备出了超大压缩塑性的块体 ZrCuNiAl 非晶合金,这种不均匀结构在外加应力下,剪切转变区会优先在软区形核并形成剪切带,而剪切带的扩展又会被硬区所阻碍并使其发生偏转,同时也会诱发多重剪切带,从而提高了非晶合金的塑性变形能力。Wu 等人通过掺杂非金属元素来形成含有掺杂元素的密堆团簇,来增加非晶合金结构的非均匀性,从而提高非晶合金的强度、塑性和韧性,尤其是韧性达到了原来的两倍。这项研究极大地促进了在原子尺度上对非晶合金结构与力学性能关系的理解,并提供了一种同时提高强度和塑性的新策略。

除了调整非晶合金的成分外,还可以通过输入外部能量来调控非晶合金的结构,即使非晶合金的结构发生“年轻化”(rejuvenation)。非晶合金的结构年轻化不仅仅使其自由体积增加,也会带来中/长程的结构运动,从而使其进入在拓扑上更为无序的高能态。目前,年轻化的方法主要有三类:外力做功法、非变形法和热力耦合法。机械做功法主要通过对非晶合金施加载荷来输入能量,常见的是采用弹性静态加载使非晶合金以蠕变或者循环加载的方式发生非仿射变形,来实现年轻化。目前,Cu 基、Ni 基和 Zr 基均可以通过这种方法来实现结构年轻化。在此基础上,通过缺口效应来避免剪切带的引入,进一步实现结构年轻化。Pan 等人通过有缺口的非晶合金圆柱试样引入三维应力状态,实现了 $Zr_{64.13}Cu_{15.75}Ni_{10.12}Al_{10}$ 非晶合金的弛豫焓高达 $3.42~kJ \cdot mol^{-1}$ 的极端年轻化状态,并使其在室温压缩下表现出均匀大塑性变形。通过这种方法实现的结构年轻化不仅提高了非晶合金的塑性变形能力,也使得其表现出明显的加工硬化行为。另外,通过塑性变形的方法也可以显著地提高非晶合金的能量状态并实现塑韧化,这种方法常见的方式有:喷丸处理(Shot Peening Treatment)、轧制处理(Rolling Treatment)和高压扭转处理(High-Pressure Torsion Treatment)等。

非晶合金的结构年轻化还可以通过非变形法来实现,主要包括:恢复退火(Recovery

Annealing)处理、辐照处理（Irradiation Treatment）和深冷循环（Cryogenic Thermal Cycling)处理等方法，其中深冷循环处理是一种非破坏性和操作简单的非晶合金塑韧性改善方法。深冷循环处理自从 2015 年被 Ketov 等人用于 La 基和 Zr 基非晶合金能量恢复以来，该处理方法进入了高潮阶段。研究发现，深冷循环处理可以使 La 基非晶条带的弛豫焓从 $0.74~kJ \cdot mol^{-1}$ 增加至 $1.11~kJ \cdot mol^{-1}$，而 $Zr_{62}Cu_{24}Fe_5Al_9$ 非晶合金室温压缩塑性从 4.9%提升至 7.6%。这是源于非晶合金固有的空间异质性使得软区与硬区的热膨胀不统一，从而引起了局域应变场分布的不均匀而发生结构的年轻化。Guo 等人还研究了深冷循环处理的循环次数、循环温度和冷却/升温速率等处理参数对非晶合金年轻化的影响。深冷循环处理目前广泛应用于 La 基、Zr 基、Pt 基、Pd 基和高熵非晶合金来提高它们的塑性和断裂韧性。热力耦合法是结合以上两类方法，在温度与机械做功耦合作用下实现非晶合金的年轻化，主要采用高温蠕变方式进行。

以上是基于调控内禀特征来提升非晶合金的力学性能，外在因素也会显著影响非晶合金的塑韧性。非晶合金的塑性具有明显的尺寸效应，一般其尺寸越小，塑性越好，而且当样品尺寸小到纳米尺度时，会发生韧脆转变，甚至非晶合金表现出约45%的拉伸塑性。非晶合金对应力状态也是非常敏感的，非晶合金的拉压不对称性就是其典型的表现。Wang 等人通过在非晶合金中引入缺口，改变了拉伸载荷下的应力状态使其获得了良好的拉伸塑性。制备工艺也会显著影响非晶合金的结构和力学性能，Lu 等人通过 3D 打印技术成功制备了大尺寸梯度非晶合金并且有独特的力学性能。除此以外，实验温度、加载速率、氧/氮含量、杂质和缺陷等外在因素都会显著影响非晶合金的变形模式和能力。

1.4　非晶合金的性能和应用

1.4.1　非晶合金的性能

1. 非晶合金的力学性能

（1）高强度和高硬度

块体非晶合金具有极高的抗拉强度，远超过常见的 Mg、Al、Ti 合金以及不锈钢。例如，Mg 基非晶合金在室温下的抗拉强度可达到 600 MPa，比同类晶态合金高出近三倍，并且在低于 353 K 的温度下几乎不发生强度变化。此外，Inoue 在 2004 年还报道了压缩强度分别达到 5185 MPa 和 4000 MPa 的两种非晶合金棒材料，分别为对应晶态合金的 5～10 倍。块体非晶合金的维氏硬度也远远超过晶态材料，例如，Zr 基块体非晶合金的维氏硬度可达到560，已接近工程陶瓷材料的水平。

（2）低杨氏模量和高弹性极限

杨氏模量是衡量材料弹性性能的关键指标。通常情况下，块体非晶合金的杨氏模量约比相同拉伸强度的晶态合金低60%。例如，Mg 基和 La 基非晶合金的杨氏模量低于 Mg 合金，而 Pd 基和 Zr 基非晶合金的杨氏模量则与 Al 合金相近。尽管块体非晶合金的杨氏模量低于晶态合金，但其最大弹性应变可高达 2.2%，远高于高碳弹簧钢的 0.46%。此外，块体非晶合金还具有极高的弹性比功。例如，Zr 基块体非晶合金的弹性比功为 $19.0\ \mathrm{MJ \cdot m^{-2}}$，超过了弹性最佳的弹簧钢($2.24\ \mathrm{MJ \cdot m^{-2}}$)8 倍以上。低杨氏模量和高弹性极限的特性使得块体非晶合金在实际应用中具有显著的优势。

（3）超塑性

块体非晶合金在过冷液相区内展现出显著的黏滞流动性，具有极大的超塑性变形能力。以 $La_{55}Al_{25}Ni_{20}$ 非晶合金为例，在过冷液相区内表现出极高的变形能力，应变率敏感系数为 1.0，延伸率可高达 15000%。利用这种超塑性成形技术，可以在过冷液相区内制备各种精细零部件和型材。Kawamura 等人通过优化工艺参数，在过冷液相区内对 $Zr_{65}Al_{10}Ni_{10}Cu_{15}$ 非晶合金粉末进行挤压成型，成功在锥形并带有齿轮形状的模具上制造出直径 5 mm 的 12 齿齿轮，这在传统材料的粉末冶金技术中是难以实现的。

（3）高断裂韧性

如 1.3.2 小节所述，不同体系的非晶合金在断裂韧性上存在较大差异。然而，对于一些高韧性的非晶合金，例如，一些 Zr 基和 Pd 基非晶合金，其断裂韧性可高达 $200\ \mathrm{MPa \cdot m^{1/2}}$，与高韧性钢相媲美。一些典型的非晶合金断裂韧性如表 1.1 所示，这些非晶合金的韧性总体上高于同成分的晶态合金。

表 1.1　非晶合金的韧性 K_Q、剪切模量 G、体模量 B、玻璃化转变温度 T_g 和屈服强度 σ_y

成　　分	韧　性 $(\mathrm{MPa \cdot m^{1/2}})$	剪切模量 (GPa)	体模量 (GPa)	玻璃化转变温度(K)	屈服强度 (MPa)
$Zr_{33.5}Ti_{24}Cu_{15}Be_{27.5}$	82.3	36.8	113	606	1750
$Zr_{44}Ti_{11}Cu_{20}Be_{25}$	84.7	35.3	111.2	613	1800
$Zr_{44}Ti_{11}Cu_{9.3}Ni_{10.2}Be_{25}Fe_{0.5}$	25.2	35.7	112.2	621	1860
$Zr_{41.2}Ti_{13.8}Ni_{10}Cu_{12.5}Be_{22.5}$	40.9	36.5	115.3	623	1860
$Zr55Cu_{30}Ni_5Al_{10}$	52.7	31.7	109.9	685	1820
$Zr_{52.5}Ti_5Cu_{17.9}Ni_{14.6}Al_{10}$	49.3	31.8	111.4	669	1770
$Cu_{60}Zr_{20}Hf_{10}Ti_{10}$	67.6	36.9	128.2	754	1950
$Ni_{44}Zr_{27.6}Ti_{18.4}Al_{10}$	26	39.5	130.4	754	2280
$Ni_{40}Cu_2Pd_2Zr_{27.6}Ti_{18.4}Al_{10}$	43	39.8	131.2	750	2330
$Fe_{58}Co_{6.5}Mo_{14}C_{15}B_6Er_{0.5}$	26.5	74.0	177.0	790	3700
$Fe_{70}Ni_5Mo_5C_5B_{2.5}P_{12.5}$	49.8	57.3	150.1	696	2670
$Mg_{59.5}Cu_{22.9}Ag_{6.6}Gd_{11}$	8.2	19.8	48.3	425	800
$Ti_{40}Zr_{25}Cu_{12}Ni_3Be_{20}$	110	34.7	108.4	601	1651
$Pd_{79}Ag_{3.5}P_6Si_{9.5}Ge_2$	203	31.1	171.6	613	1490

2．非晶合金的催化性能

非晶合金由于其结构上的亚稳定性和凝固过程中原子的随机堆垛，在催化方面展现出了显著的优势，因此备受青睐。与晶态材料相比，非晶合金具有更均匀的结构和成分分布，这使得其能够有效弥补晶体材料中催化活性位点不足以及晶体缺陷在催化过程中可能产生的不利影响。

目前,关于非晶催化剂的研究主要集中在三个方面:催化剂成分的调节、催化剂表面形态的调节以及促进催化过程中的电子运动。例如,Wang 等人利用球磨制备的 FeSiBNb 非晶粉末用于废水处理,其降解速率比传统晶态铁粉快了 200 倍。另外,Jia 等人制备的 FeSiB 非晶条带在催化降解方面表现出比其他 Fe 基催化剂快 5~10 倍的速度。在水分解方向,Hu 等人制备的 PdNiCuP 非晶条带显示出比商用 Pt/C 催化剂更高的效率和更强的稳定性。随着对不同成分非晶催化剂制备技术的发展和市场对高效催化剂的需求增加,深入研究非晶催化剂的深层机理变得尤为迫切。这一领域的研究热度不断上升,探索如何优化催化剂的成分和结构,以实现更高效的催化性能,成为当前和未来的重要研究方向。

3. 非晶合金的电磁性能

非晶合金在电磁性能方面的研究主要集中在 Fe 基和 Co 基合金上,这些合金表现出较高的磁导率、较低的磁致伸缩、较高的电阻率以及较低的矫顽力,因此在电磁应用中具有显著优势。它们能够大大降低能量损耗,因此被视为优异的软磁性材料,有望替代传统的硅钢成为新一代变压器的芯材。目前,非晶合金已经部分应用于柔性天线、电流变压器、脉冲阻挡器、磁屏蔽和传感器等各种电磁设备中。Fe 基非晶合金的研究相对成熟,目前主要集中在元素添加对合金结构与电磁性能的影响上。例如,Lashgari 等人系统地总结了 Si、B、P、Zr、Nb、Co 等元素添加对 Fe 基非晶合金电磁性能的影响。而 Co 基非晶合金的研究仍在不断发展中,Inoue 等人开发的新型 Co 基非晶合金(如 $Co_{43}Fe_{20}Ta_{5.5}B_{31.5}$)不仅具有超高的强度(达到 5 GPa),同时表现出极高的磁导率。

未来非晶合金在电磁材料中的应用面临两个主要挑战:一是当前具有较高电磁性能的非晶合金通常玻璃形成能力不足,难以满足大型设备的需求;二是目前可应用的非晶合金通常较为硬脆,容易损坏。因此,未来的研究方向将集中在如何制备具有较大玻璃形成能力和高韧性的高性能非晶合金体系上,以应对电磁材料领域的挑战。

4. 非晶合金的耐腐蚀性能

随着非晶合金形成能力的提升和应用范围的扩展,非晶合金在应用中的耐腐蚀能力日益受到关注。在不同类型的非晶合金研究中,抗腐蚀性能的研究成果显示出多样化的影响因素和机制。一方面,在 Zr 基非晶合金的研究中,Mudali 等人发现,相较于同成分的纳米晶材料,$Zr_{57}Ti_8Nb_{2.5}Cu_{13.9}Ni_{11.1}Al_{7.5}$ 非晶合金具有更优异的耐腐蚀能力。在 Fe 基非晶合金方面,Zhang 等人的研究表明,适量增加合金中的 P 含量有利于提升合金的耐腐蚀性能。另一方面,Wang 等人通过对比单晶态和非晶态 Zr_2Ni 在 NaCl 溶液中的腐蚀行为,从钝化膜的角度清晰地阐述了非晶结构对提升相同成分合金耐腐蚀能力的重要影响。此外,Scully 等人认为非晶合金具有优异抗腐蚀性能的原因主要包括两个方面:一是非晶合金在成分上均匀且结构单相,相比晶态材料能够有效消除结构缺陷和成分不均匀性,从而显著抑制合金的局部腐蚀倾向;二是为了提升非晶合金的玻璃形成能力,通常含有大量的稀土元素或有益的过渡金属,这些元素的存在有助于阻碍钝化膜的溶解,并促进钝化膜溶解后的再钝化过程。

因此,非晶合金的抗腐蚀性能研究涉及多个方面的影响因素,包括合金的成分设计、结构特征以及钝化膜的形成和稳定性等,这些研究为进一步优化非晶合金的应用性能提供了重要的理论和实验基础。

1.4.2　非晶合金的应用

非晶合金独特的原子结构赋予其诸多不同于传统晶体合金材料的物理化学特性和力学性能。非晶合金的这些优异性能使其在结构材料和功能材料领域均获得广泛的应用。根据非晶合金的各种性能,非晶合金可以在以下 15 个重要的领域获得应用,如表 1.2 所示。

表 1.2　块体非晶合金的性能及相应的可能应用领域

基 本 性 能	应 用 领 域
高强度	模具材料
高硬度	刀具材料
高断裂韧性	复合材料
高冲击断裂能	装修材料
高疲劳强度	机械结构材料
高弹性能	运动器材
高抗腐蚀性	抗腐蚀材料
高耐磨性	工具材料
高黏性流动能力	黏结剂
高反射比	光学精密材料
良好的软磁性	软磁材料
高频磁导率	编辑设备材料
高磁致伸缩	高磁致伸缩材料
高效电极(氯气)	电极材料
高储氢	储氢材料

1. 结构材料应用

非晶合金引起人们极大关注的原因主要在于其具有优异的力学性能,如上所述,非晶合金在强度、弹性、韧性、硬度等方面明显优于传统金属材料,而且在比强度、疲劳性能等方面也不亚于晶体材料,因此非晶合金非常适合应用于工程结构材料。目前,非晶合金因其弹性极限远高于常规的晶态金属材料,在体育用品领域的应用引起了广泛关注。例如,美国液态金属公司使用 Zr 基非晶合金制造高尔夫球杆头,这些杆头能够将 99% 的能量传递到高尔夫球上,从而显著提高击球距离。这种应用不仅展示了非晶合金在提高运动器材性能方面的潜力,也促进了对非晶合金在其他领域应用的研究和开发。

非晶合金在压力传感器和微电子机械系统等领域的应用显示出了广泛的应用前景和优势。例如,在汽车燃油喷射控制的压力传感器上,传统的不锈钢金属膜片通常用于检测和控制燃油的精确压力。然而,非晶合金由于其低杨氏模量和高强度的特性,特别适合用于制造具有更高灵敏度和更长寿命的金属膜片。研究表明,使用非晶合金制造的金属膜片灵敏度可以显著提高,达到传统不锈钢的数倍。此外,在微电子机械系统中,非晶合金也展示了其独特的优势。例如,微扫描仪的扭转杆通常由单晶或多晶硅制成,但由于硅的脆性,这些杆在使用过程中容易被破坏,限制了设备的使用寿命。相比之下,非晶合金杆具有更低的杨氏模量、更高的断裂韧性和强度,使得它们在扫描仪中能够承受更大的旋转角度和更高的应力,从而提高了设备的性能和可靠性。

除此之外,非晶合金还被广泛应用于制造微型齿轮、微型弹簧、微型马达、微型悬臂梁等微型器件。这些应用不仅展示了非晶合金在微尺度机械系统中的多功能性,还加强了其在现代工程和技术领域中的重要性和研究价值。

2. 微型精密器件

非晶合金因其高表面光洁度(无晶界)和无凝固缩松的特点,特别适合制造复杂精密小器件,这不仅可以提高生产效率,还能降低成本。例如,图 1.10 展示了采用 $Ni_{53}Nb_{20}Ti_{10}Zr_8Co_6Cu_3$ 非晶合金直接喷铸成形的微齿轮及其在微发动机中的应用。与传统的塑料齿轮和钢齿轮相比,非晶合金齿轮显示出更优越的持久性能,进一步彰显了其在微器件制造中的优势。除了微齿轮,非晶合金还应用于制备其他类型的微型精密器件。例如,利用其优异的磁学性能制造线性激励装置和磁屏蔽装置;利用其高表面光洁度制造光学元器件;利用其高弹性制造压力传感器等。此外,非晶合金的力学性能在微器件中显示出明显的"尺寸效应",这为其在微尺度设备的设计和制造中提供了广阔的应用前景。随着对非晶合金应用的深入研究和开发,预计非晶合金在未来将迎来更多新的应用和技术突破,进一步推动其在微型精密器件的广泛应用。

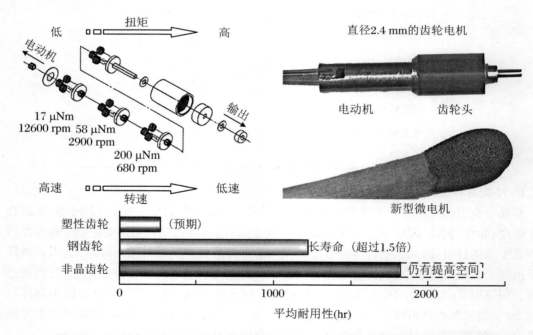

图 1.10　Ni 基非晶合金的主齿轮构成直径 2.4 mm 的微型发动机及其工作持久性比较

3. 国防和航空航天领域

在国防领域,非晶合金作为穿甲弹材料的应用展示了其在高速度、高密度和高强度特性方面的显著优势。传统的重钨合金和贫铀合金在穿透装甲材料时各有其局限性,例如,重钨合金容易形成蘑菇状弹头而降低穿透深度,而贫铀合金虽然具有超强的穿深性能,但其辐射性可能会对环境造成危害。因此,寻找可以替代贫铀合金并保持自锐性的材料成为研究重点之一。非晶合金由于其在动态加载下的高动态断裂韧性和局部绝热剪切机制,在作为穿甲弹材料时表现出了显著的优势。它们具有较高的密度(约为 $6.0\,\mathrm{g \cdot cm^{-3}}$),适合与高密度的材料如钨合金复合使用,以提高动能穿透弹的性能。研究表明,Johnson 研究组利用液态浸渗铸造法成功制备了钨纤维增强非晶合金复合材料,其弹道实验结果显示其穿透性能比重钨合金提高了 10%~20%。这些进展促使国防部门和研究机构增加了对非晶合金作为穿甲弹材料研究的资助。在国内,中国科学院金属研究所已经成功将块体非晶合金应用于穿甲弹材料中,并通过界面调控技术显著提升了其力学性能。

非晶合金在航空航天领域展示出了广阔的应用前景及其重要性。美国宇航局(NASA)早在 2000 年就利用 Zr 基非晶合金制造了太阳风收集器,并将其安装在飞船上。这种收集器能够捕集太阳风中的粒子,随后通过酸刻蚀技术释放出来,提供了研究太阳起源和宇宙环境的重要数据。这项技术为太空探索和科学研究提供了重要工具,展示了非晶合金在探索宇宙和获取空间数据方面的独特价值。此外,为了实现更远距离的航空器飞行,轻量化和高强度材料的发展至关重要。金属玻璃泡沫是一种能够实现高比强度的材料,在 NASA 和 Johnson 研究组的合作下,已经在空间条件下成功制备并实现了其均匀分布。金属玻璃泡沫的特性使其特别适合用于航天器材料,因为它不仅具备较低的质量密度,且在航天器返回地球大气层时更容易烧蚀,从而降低了残骸对地面安全的潜在威胁。

对于航天器材料,除了考虑机械性能外,还需要考虑其在极端条件下的表现,包括在服务期间和退役后的性能要求。研究表明,Ti 基非晶合金复合材料的力学性能优于传统的 440 不锈钢,特别适合用于制造航天器的球锥定位器等部件,这些部件在卫星退役后会在大气层摩擦和热作用下迅速磨损。总体而言,非晶合金在航空航天领域的应用不仅拓展了材料的应用范围,还为航空航天技术的进步和发展提供了重要的支持和推动力。

4. 催化剂领域

电催化在电池的能量存储和转换装置中起着重要作用。随着人们对电池性能需求的不断提升,传统催化剂的效率和耐久性已成为电化学装置普及的瓶颈,而非晶合金在电催化活性和耐久性方面表现出色,成为能量存储领域的新一代材料。非晶合金的原子短程无序结构导致了复杂的电子结构,有利于催化性能的增强,因此开发适用于电池、燃料电池和微型反应器的块体非晶合金显得尤为重要。Doubek 等人通过热塑性成型工艺实现了纳米结构的 Pt 基块体非晶合金的成分和形貌调控,用以改善合金的催化性能和持久性。他们的研究表明,非晶合金在氢析出、氧还原和甲醇氧化反应中表现出高活性和持久性。与传统的 Pt/C 催化剂相比,块体非晶合金在脱合金过程中会暴露出越来越多的活性位点,从而实现"自我完善"过程,提高了催化性能。

在污水净化领域,非晶合金也显示出巨大价值。传统的贵金属(如 Pt、Pd)和过渡金属(如 Fe、Ni)体系可以高效降解有机水污染物和偶氮(AZO)染料,但这些金属材料的高成本和毒性限制了它们的应用。块体非晶合金则表现出优异的耐用性、催化活性和化学惰性。目前,已开发出多种基于非晶合金的催化材料,包括 Fe 基、Mg 基、Al 基和 Cu 基等非晶合金条带或粉末,用于催化降解各种污染物。

氢气作为无污染可再生的新能源越来越受到重视,电化学水分解制氢是常用的方法之一,而水解过程需要高活性和持久性的催化剂。非晶合金由于其独特的结构,可作为电化学水分解制氢的重要催化剂。多组分的非晶合金在脱合金过程中会在无序表面上形成不同类型的活性位点,从而使非晶合金具有更高的性能和更低的活性降解。

因此,非晶合金在催化领域展现出巨大潜力,通过不断优化非晶合金的成分和结构,未来的能量存储、环境保护以及新能源应用将获得更加高效和可靠的解决方案。非晶合金的独特结构和优异性能为催化领域带来了前所未有的机遇,不仅提升了现有技术的效率和耐久性,还为新技术的发展提供了坚实的基础。

5. 磁性器件应用

非晶合金在电力、计算机、通信等方面的磁性器件上有着广泛的应用。Fe 基非晶合金不仅具有良好的力学性能,还具有优异的软磁性能和高的磁导率,其磁感应强度高、损耗小。Yoshizawa 等人于 1991 年在日本日立金属公司开发了 Fe 基纳米晶软磁合金 Finemet。研究表明,该 Fe 基非晶合金具有高磁感、高磁导率和低损耗等优异特性。这种材料被广泛应用于电力行业,例如,在变压器中,Fe 基非晶合金的电阻率远高于晶体合金材料,使其在降低磁损耗和节能方面表现出色。与传统的硅钢铁芯变压器相比,Fe 基非晶合金变压器的磁损耗降低超过 70%,在当前电力能源短缺的背景下,这种材料的应用可以显著节约能源,降低生产成本,造福全人类。

除了 Fe 基非晶合金在电力行业的广泛应用外,Nd 基和 Pr 基非晶合金因其非常高的硬磁性能,使得非晶合金在电子领域的应用前景十分广阔。这些合金在制造高性能磁性器件方面表现出色,适用于计算机硬盘、磁性传感器等高科技设备。Fe 基、Ni 基和 Co 基非晶合金也已经在传感器、磁屏蔽铁芯等领域实现了广泛应用。这些非晶合金由于其优异的磁性和力学性能,能够提升设备的性能和可靠性。总之,非晶合金在磁性器件领域展现出巨大的应用潜力。通过不断优化非晶合金的成分和制造工艺,这些材料在电力、电子和通信领域的应用将会越来越广泛,为相关技术的发展提供强有力的支持,进一步推动科技进步和社会发展。

6. 生物医用领域

随着科技的发展,人们对生活标准和生活质量的要求越来越高,而生物医用材料在延长人类寿命方面扮演着重要角色。不锈钢、镁合金、纯钛及其合金、纯锆及其合金已广泛应用于制造心血管支架、人工髋关节和膝关节、植入牙、骨板等。然而,传统金属材料在生物医用方面仍然存在一些不足,例如,强度低、弹性模量高、耐磨损性低、耐腐蚀性低,以及在磁共振成像中表现不佳等。因此,发展更加安全坚固的新型生物医用材料显得极其重要。非晶合金由于其高强度、低弹性模量的优势,逐渐进入生物医用材料领域,并且实验表明其生物相容性和耐腐蚀性优于传统的晶态材料。例如,用于骨连接的部件需要具有高强度和低弹性模量的特性,而不含镍元素的 Zr-Cu-Fe-Al-Ag 非晶合金不仅具有较低的杨氏模量和较高的断裂韧性,同时在生物相容性上表现优良,因此特别适合应用于接骨装置。2018 年,我国患心血管疾病的总人数约 2.9 亿,心血管疾病逐渐成为威胁人类健康的头号"杀手",支架植入作为重要的治疗方法受到医疗人员的重视。目前广泛使用的支架材料是 316L 不锈钢和NiTi 合金,然而这两类材料都含有可能引发人体免疫反应的镍元素,并且这两种材料的低强度需要增厚支架来维持其可靠性。因此,具有优异力学性能且不含镍元素的 Zr 基非晶合金有望成为支架材料的替代品。此外,可生物降解的 Mg 基非晶合金在骨科植入试验中也表现出潜在的应用价值。与传统材料相比,Mg 基非晶合金能够在体内逐渐降解,避免了二次手术取出植入物的风险,同时其降解产物对人体无害,有望成为未来骨科植入材料的理想选择。

参 考 文 献

［1］　汪卫华.金属玻璃研究简史［J］.物理,2011,40(11):701-709.

［2］　汪卫华.非晶态物质的本质和特性［J］.物理学进展,2013,33(5):177-351.

［3］　Cheng Y Q,Ma E.Atomic-level structure and structure-property relationship in metallic glasses［J］. Progress in Materials Science,2011,56(4):379-473.

［4］　Schroers J.Bulk metallic glasses［J］.Physics Today,2013,66(2):32-37.

［5］　Wang W H.Dynamic relaxations and relaxation-property relationships in metallic glasses［J］.Progress in Materials Science,2019,106:100561.

［6］　Sun B A,Wang W H.The fracture of bulk metallic glasses［J］.Progress in Materials Science,2015, 74:211-307.

［7］　Zhang J Y,Zhou Z Q,Zhang Z B,et al.Recent development of chemically complex metallic glasses:from accelerated compositional design,additive manufacturing to novel applications［J］.Materials Futures,2022,1(1):012001.

［8］　Schuh C A,Hufnagel T C,Ramamurty U.Mechanical behavior of amorphous alloys［J］.Acta Materialia, 2007,55(12):4067-4109.

［9］　Inoue A,Takeuchi A.Recent development and application products of bulk glassy alloys［J］.Acta Materialia,2011,59(6):2243-2267.

［10］　Greer A L,Cheng Y Q,Ma E.Shear bands in metallic glasses［J］.Materials Science and Engineering:R: Reports,2013,74(4):71-132.

［11］　Rouxel T,Jang J,Ramamurty U.Indentation of glasses［J］.Progress in Materials Science,2021,121: 100834.

［12］　Hofmann D C,Suh J Y,Wiest A,et al.Designing metallic glass matrix composites with high toughness and tensile ductility［J］.Nature,2008,451(7182):1085-1089.

［13］　Qiao J,Jia H,Liaw P K.Metallic glass matrix composites［J］.Materials Science and Engineering R Reports,2016,100:1-69.

［14］　Brenner A,Couch D E,Williams E K.Electrodeposition of alloys of phosphorus with nickel or cobalt［J］. Journal of Research of the National Bureau of Standards,1950,44(1):109-122.

［15］　张龙.TiZr 基非晶合金及内生复合材料的结构设计和力学性能［D］.沈阳:中国科学院金属研究 所,2016.

［16］　贺强.Zr-Ti-Cu-Al 块体金属玻璃的断裂韧性［D］.沈阳:中国科学院金属研究所,2012.

［17］　Klement W,Willens R H,Duwez P.Non-crystalline structure in solidified gold-silicon alloys［J］. Nature,1960,187(4740):869-870.

［18］　Turnbull D,Cohen M H.Concerning reconstructive transformation and formation of glass［J］.The Journal of Chemical Physics,1958,29(5):1049-1054.

［19］　惠希东,陈国良.块体非晶合金［M］.北京:化学工业出版社,2006.

［20］　Jiang M Q,Gao Y.Structural rejuvenation of metallic glasses and its effect on mechanical behaviors ［J］.Acta Metallurgica Sinica,2021,57(4):425-438.

［21］　Qiao J C,Wang Q,Pelletier J M,et al.Structural heterogeneities and mechanical behavior of amorphous alloys［J］.Progress in Materials Science,2019,104:250-329.

［22］　Inoue A,Wang X M,Zhang W.Developments and Applications of Bulk Metallic Glasses［J］.

Reviews on Advanced Materials Science,2008,18:1.

[23] Zhang C,Ouyang D,Pauly S,et al. 3D printing of bulk metallic glasses[J]. Materials Science and Engineering R,2021,145:100625.

[24] Sheng H W,Luo W K,Alamgir F M,et al. Atomic packing and short-to-medium-range order in metallic glasses[J]. Nature,2006,439(7075):419-425.

[25] Wang Z,Sun B A,Bai H Y,et al. Evolution of hidden localized flow during glass-to-liquid transition in metallic glass[J]. Nature Communications,2014,5(1):5823.

[26] Qu R T,Zhang Z F. A universal fracture criterion for high-strength materials[J]. Scientific Reports,2013,3(1):1117.

第 2 章　非晶复合材料的分类及其制备

2.1　非晶复合材料的发展历程及其类型特点

　　尽管单相非晶合金因其独特的原子结构而展现出许多优异的力学性能,但其在实际应用中会因室温脆性和应变软化而发生灾难性破坏。为了进一步提高其力学性能,可以通过内生或外加的方法在非晶基体中引入第二晶态相形成非晶复合材料。可以通过调整第二晶态相的结构、尺寸大小、体积分数、分布和相稳定性等微观结构来阻碍单一剪切带的扩展,同时诱发多重剪切带,从而显著地提高非晶合金的塑性和韧性。特别是利用枝晶相的形变诱发马氏体相变的思路开发的非晶复合材料,可以极大地增强非晶合金及其复合材料的拉伸塑性和加工硬化能力。根据在非晶合金中引入第二晶态相的方式,将非晶复合材料主要分为两类:外加型非晶复合材料和内生型非晶复合材料,如图 2.1 所示。外加型非晶复合材料(*Ex-situ* BMGCs)是通过在高温下非晶熔体与高熔点晶态相颗粒、纤维、片层或多孔骨架复合而成。根据外加晶态相的形态可将这类非晶复合材料分为四类:颗粒增强非晶复合材料、纤维增强非晶复合材料、片层增强非晶复合材料和骨架增强非晶复合材料。内生型非晶复合材料(*In-situ* BMGCs)是指在合金熔体凝固过程中原位析出晶体相,剩余液体被冻结为非晶合金基体的一类复合材料。由于晶态相可在液相中原位析出的特点,这类复合材料中非晶基体和晶态相之间具有良好的界面化学结合,可以避免在界面处出现外加型复合材料中存在的空隙、微裂纹、脆性金属间化合物等缺陷,使得这类材料具有优异的韧性、压缩塑性,甚至拉伸塑性,因此内生型非晶复合材料是目前非晶合金研究的一个热点。目前广泛研究的内生型非晶复合材料主要可以分为两大类:B2 型和 β 型,它们的微观结构及其性能特点将在第 4 章详细阐述。

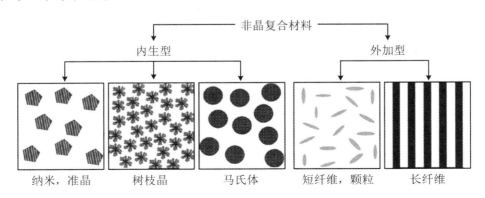

图 2.1　非晶复合材料分类

　　非晶复合材料的设计初衷是结合非晶合金的优异性能,并通过引入具有良好韧性的第二相来提高材料的塑性和整体力学性能。早在 1976 年,Goldwasser 和 Kear 等人首次提出非晶条带在横向和纵向表现出良好的力学性能,不具有各向异性,适合作为复合材料的基体,并指出界面对材料性能的关键影响。非晶复合材料的早期研究可以追溯到 1980 年,Takayama 等人报道了使用 Fe-Mo-B 非晶条带包覆铜丝的研究,验证了非晶条带在增强复合材料中的潜力。同年,Kadir 等人发表了利用非晶条带增强 AY103 环氧树脂基体的研究,进一步展示了非晶合金在复合材料中的应用前景。到了 1997 年,Johnson 研究组的 Yim 等人通过将高熔点颗粒(如 SiC、WC、TiC、W、Nb、Mo、Ta 等)或短金属丝与其开发的金属玻璃(如 Vit101、Vit105、Vit106)复合,成功制备了颗粒或纤维增强的外加型非晶复合材料。这种材料的出现推动了外加型非晶复合材料在国防和民用领域的应用。尽管外加型非晶复合材料具有控制增强相种类、尺寸、分布和体积分数的优势,但由于界面结合强度较弱,可能产生孔洞,且界面容易形成脆性相,影响了材料的拉伸塑性和整体力学性能。相较而言,内生型非晶复合材料中的增强相与非晶基体之间具有更强的界面结合性,并在变形过程中有效传递载荷,从而表现出更优异的力学性能。

　　内生型非晶复合材料的种类繁多,根据析出增强相的类型大致可以分为两类。第一类是纳米晶增强的非晶复合材料。Fan 等人发现铸态 $Zr_{53}Ti_5Ni_{10}Cu_{20}Al_{12}$ 和 $Zr_{60}Cu_{20}Pd_{10}Al_{10}$ 非晶合金具有非常优异的压缩塑性应变,高分辨透射电镜照片表明该 Zr 基合金是一种内生复合材料:直径约为 2 nm 的纳米晶弥散分布在非晶合金基体中。1997 年以来,Inoue 研究组在非晶复合材料的研究中,针对亚稳非晶合金进行了退火处理,成功制备了部分晶化的纳米晶增强非晶复合材料。通过精确调控退火工艺,可以获得不同体积分数的纳米晶相。另外,研究发现 Nb 元素的引入在 Zr-Cu-Al 非晶合金的晶化过程中起到了重要作用,在热处理过程中促进了初晶转变。此外,Zr 和 Al 之间的强相互作用为纳米晶的形成提供了驱动力,这些因素的共同作用使得 Zr-Cu-Al-Nb 非晶合金更易于在退火过程中形成纳米晶增强非晶复合材料。Fan 等人在 2000 年发现铸态 $Zr_{53}Ti_5Ni_{10}Cu_{20}Al_{12}$ 和 $Zr_{60}Cu_{20}Pd_{10}Al_{10}$ 合金因纳米晶弥散分布在非晶合金基体上而具有优异的压缩塑性。Saida 等人在 2005 年研究了在非晶合金中形成的纳米晶如何有效地阻碍剪切带的扩展,并表明纳米第二相的引入会促进剪切带的萌生,从而提高了材料的塑性。第二类是枝晶相增强的非晶复合材料,常见有 Zr 基、La 基、Mg 基、Pb 基、Cu 基、Ti 基等非晶复合材料。由于这类枝晶相增强的非晶复合材料具有更优异的拉伸性能,因此备受关注,尤其是 B2 型和 β 型非晶复合材料的性能表现尤为突出。B2 型非晶内生复合材料的研究可以追溯到 CuZr 二元块体非晶合金的发现。Cu-Zr 二元合金系中有三个合金的玻璃形成临界尺寸大于 1 mm:$Cu_{64}Zr_{36}$、$Cu_{56}Zr_{44}$、$Cu_{50}Zr_{50}$,其中 $Cu_{50}Zr_{50}$ 合金熔体在凝固过程中易于析出化学有序 B2-CuZr 相,如图 2.2(a)所示。2005 年至 2010 年间,通过向 CuZr 二元合金中添加 Al、Ti、Co、Sn、Ag、Hf、Y、Be 等合金元素,开发了系列具有更优玻璃形成能力的非晶合金。如图 2.2(b)所示,当熔体的冷速高于合金的玻璃形成临界冷速时,会获得单相块体非晶合金组织;当冷速稍低时,会获得原位析出 B2-CuZr 相的非晶复合材料组织;当冷速更低时,非晶复合材料中 B2 相会分解为平衡相 $Cu_{10}Zr_7$ 和 $CuZr_2$。随后,Gargarella 等人在 Ti-Cu-Ni 等体系也开发了内生 B2-CuTi 晶态相的非晶内生复合材料。

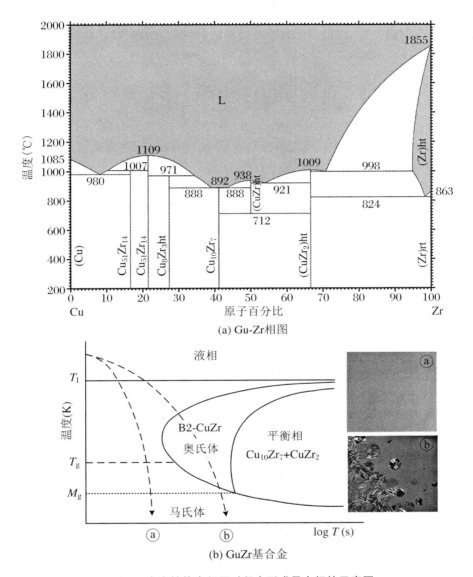

(a) Gu-Zr相图

(b) GuZr基合金

图 2.2　合金熔体在凝固过程中形成晶态相的示意图

　　同样的，为了提高非晶合金的塑性变形能力，研究人员采用了多种方法来设计和制备 β 型非晶内生复合材料。2000 年，Hays 等人通过改变 Vit.1 合金的成分，成功制备了在凝固过程中原位析出 β 枝晶相的 Zr 基非晶复合材料，这些材料展示出高达 5% 的压缩塑性。随后，Lee 等人在 2007 年通过测定非晶复合材料的熔点，建立了伪二元相图，解释了 β 型内生复合材料的形成机理，并指出 β 相的体积分数可以通过合金成分的设计来控制。2008 年，Hofmann 等人采用半固态处理技术成功制备了 β 型 Zr 基复合材料，该技术有助于 β 相的熟化和均匀分布，从而提升了复合材料的力学性能。同时，Qiao 等人通过布里奇曼凝固法分别制备了 Zr 基和 Ti 基的 β 型非晶内生复合材料。由于 Be 元素能够显著提高 Zr 基和 Ti 基合金的玻璃形成能力，目前广泛研究的 β 型非晶内生复合材料通常都含有 Be。Hays 等人和 Hofmann 等人的研究表明，在这类复合材料中，β 相没有固溶 Be 元素，即所有的 Be 原子都固溶在非晶基体中。自 2016 年以来，Zhang 等人开发了一系列具有高玻璃形成能力的 Ti 基 β 型非晶复合材料，进一步丰富了这一类材料的研究和应用领域。

2.2　非晶复合材料的设计及其制备

2.2.1　非晶复合材料的结构设计

非晶复合材料的微观结构对合金成分存在很强的依赖性，一直以来，研究人员尝试去寻找有一定规律性的方法来指导非晶复合材料的设计。最早 Hays 和 Szuecs 等人通过在 Zr-Ti-Cu-Ni-Be 体系中添加 β 相稳定元素 Nb 建立 Zr-(Ti-Nb)-(Be$_9$Cu$_5$Ni$_4$)伪三元相图，并基于该相图设计和筛选出韧性固溶体相和玻璃形成能力比较好的成分点，并成功制备出原位析出 β 相 Zr 基非晶复合材料，使得非晶复合材料的冲击韧性和延展性均得到了明显的提高，如图 2.3(a)所示。Qiao 等人根据该伪三元相图进一步成功设计得到一系列性能优异的 Zr 基非晶复合材料。随后，Lee 等人采用化学分析并结合不同温度下 XRD 结果建立了 Vit.1 体系与 β 相的伪二元相图，并通过相图解释了 Vit.1 体系形成 β 型非晶复合材料的机理，如图 2.3(b)所示。

Zhang 等人根据具有高玻璃形成能力的含 Be 的 Ti 基或者 Zr 非晶合金的成分特点，即非晶合金成分在深共晶附近，提出一种从 Ti/Zr 基非晶合金出发来开发内生相非晶复合材料的迭代方法，如图 2.3(c)所示。该方法对改善 Ti/Zr 基非晶合金的塑性以及开发新的内生相非晶内生复合材料具有重要价值，并且已经得到了广泛的应用和验证，因此，此处将重点讲解这种非晶复合材料的新型结构设计方法。该方法利用数学上的"迭代思想"，按照"相成分(迭代变量) + Ti/Zr 基非晶合金成分"的思想来设计内生相非晶复合材料的成分。该方法具体包括如下步骤：

① 选择目前已被开发的具有较高玻璃形成能力的 Ti/Zr 基(即 Ti 基、Zr 基或 TiZr 基)非晶合金。其合金成分为 C_G，成分 C_G 中 Ti 和 Zr 的原子百分比为 $x : y$，并且 Ti 和 Zr 原子百分比总含量应不低于 40%。

② 第一次迭代按照 $C_C^1 = \text{Ti}_x \text{Zr}_y (C_\beta^0) + C_G$ 来设计非晶内生复合材料的成分。熔炼浇铸设计的合金成分，检验合金的铸态微观组织，明确初生 β 相是否存在及其分布形态，并测定 β 相的成分 C_β^1。

③ 如果成分 C_β^1 和 C_β^0 具有较大的差异(组元的原子百分比相差大于 3%)，则通过第 i 次迭代 $C_C^i = C_\beta^{i-1} + C_G$ 的方式重新设计的非晶内生复合材料成分，其中 $i = 2, 3, \cdots$，为迭代次数。熔炼浇铸设计的合金成分，初生 β 相是否存在以及其分布形态，并测定 β 相的成分 C_β^i。

④ 如果 C_β^i 与 C_β^{i-1} 接近(组元的原子百分比差别小于 3%)，则确定合金基体是否晶化：如果基体是非晶态，则获得了"两相准平衡"内生 β 相非晶复合材料；如果基体晶化为多种金属间化合物相，则可以通过提高冷速速率，保证凝固过程中剩余液相冻结为非晶合金基体来获得内生 β 相非晶复合材料。

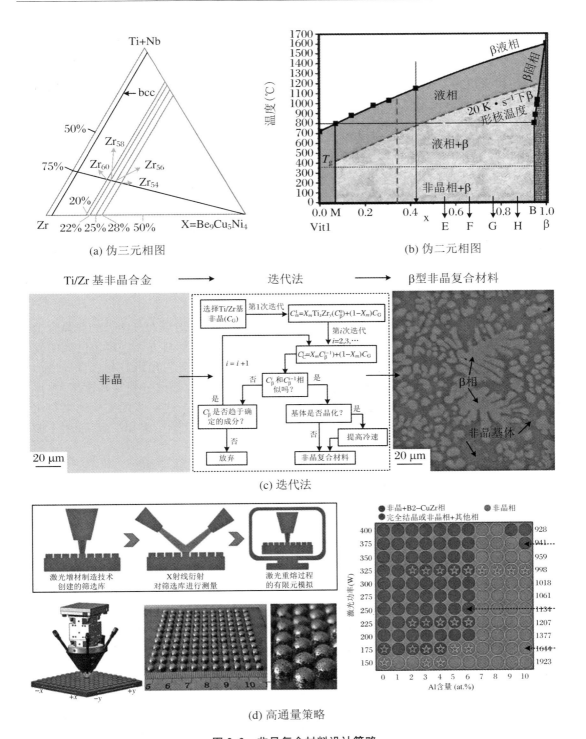

(a) 伪三元相图　　　　　　　　(b) 伪二元相图

(c) 迭代法

(d) 高通量策略

图 2.3　非晶复合材料设计策略

⑤ 如果迭代过程中 C_β^i 没有收敛的迹象,或者合金铸态组织中不存在初生 β 相,则表明该 Ti/Zr 基非晶合金不能用"迭代法"制备内生 β 相非晶复合材料,如图 2.3(d)所示。

在上述步骤①中,Ti/Zr 非晶合金的选择准则为:玻璃形成临界直径不低于 4 mm,并且合金成分中不含贵金属 Au,Ag,Pt 和 Pd 等。

在上述步骤②中,通过第一次迭代设计的非晶内生复合材料,其熔炼浇铸直径应小于初始 Ti/Zr 非晶合金的临界玻璃形成直径,一般可以取该临界直径值的一半或者更小。判断 β 相是否为初生相的方法为:在电镜或者光镜下,初生 β 相呈现孤立的枝晶状者熟化的枝晶状。β 相的成分通过能谱仪(EDS)或者通过波谱仪(WDS)测定。

在上述步骤②和③中,是按照 β 相的设计摩尔分数为 50% 来计算非晶内生复合材料成分的,这种设计可以在 30%～70% 的摩尔分数范围内实施,具体为 $C_C^i = xC_\beta^{i-1} + (1-x)C_G$,$0.3 \leqslant x \leqslant 0.7$。

在上述步骤⑤中,判断 C_β^i 没有收敛的方法是:(ⅰ)不存在初生 β 相;(ⅱ)C_β^i 和 C_β^{i-1} 的差别随着迭代次数 i 的增加而变大。

从上述的“迭代法”步骤可以看出,该法保证了开发出的内生相非晶复合材料的基体成分接近初始 Ti/Zr 非晶合金,保留了非晶基体高玻璃形成能力的优势。另外,在“迭代法”开发 β 型非晶内生复合材料过程中,不需要添加相稳定元素,使得最终开发的 β 型非晶内生复合材料中的 β 相更可能是亚稳的,这为内生型非晶复合材料性能优化提供更多的调控空间,例如引入形变诱发孪晶或者形变诱发相变等。

除了通过对一系列非晶合金成分进行筛选以获得具备良好玻璃形成能力的非晶合金之外,高通量策略也逐渐在设计筛选出具有优异性能的非晶复合材料方面展现出巨大的发展空间。Yu 等人采用高通量策略并通过激光增材制造技术加速开发出具有相变诱导增加塑性的非晶复合材料,高效筛选出了仅包含 B2-CuZr 相的最佳合金成分和冷却速率,并评估了 B2-CuZr 相的分布均匀性,筛选出延展性比较好的候选成分。进一步的实验结果对比表明,通过高通量策略得到的非晶复合材料其性能与离散试样的实验结果相一致,证明了该策略的正确性。

2.2.2　非晶复合材料的制备方法

1. 内生型非晶复合材料的制备

(1) 非晶晶化法

非晶合金是一种亚稳态结构,在低于玻璃态转变温度 T_g 退火时,有向晶态相转变的趋势。适当控制非晶合金的退火工艺条件可以实现尺度在几十纳米到几十微米范围内的第二相均匀弥散在非晶合金基体中的复合结构,这种方法被称为非晶晶化法。Molokanov 等人和 Bian 等人对 Zr 基块体非晶合金的晶化行为进行了系统研究,并成功通过控制退火工艺条件制备出含有不同体积分数的纳米相或晶化相的块体非晶合金基复合材料,如图2.4(a)所示。

(2) 急冷铸造法

急冷铸造法是一种通过调整合金成分和控制冷却速度的方法,使熔体在冷却过程中直接析出第二相,并将其均匀分布在非晶基体上。Johnson 等人在 $Zr_{41.2}Ti_{13.75}Cu_{12.5}Ni_{10}Be_{22.5}$ 合金的基础上开发出一种新的合金成分,即 $Zr_{56.2}Ti_{13.8}Nb_{5.0}Cu_{6.9}Ni_{5.6}Be_{12.5}$。这种合金添加了 Nb 元素,易于与 Zr 或 Ti 元素形成 BCC 结构的 β-Zr(Ti) 树枝晶。在这种合金中,增强相的尺寸约为 $100~\mu m$,镶嵌在完全非晶的基体中,体积分数大约占整个复合材料的 25%,如图 2.4(b)所示。

（3）原位反应法

Inoue 研究组在 $Zr_{55}Al_{10}Ni_5Cu_{30}$ 合金中加入了石墨和 Zr。在熔炼过程中，由于 Zr 和石墨之间的强烈化学反应，生成了稳定的 ZrC 反应物。随后，采用铜模铸造法将该金属锭制备成了 ZrC 颗粒增强的 $Zr_{55}Al_{10}Ni_5Cu_{30}$ 非晶复合材料，如图 2.4(c) 所示。

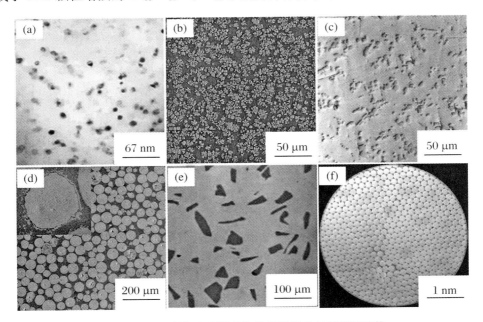

图 2.4　不同制备方法下的块体非晶复合材料微观结构

2. 外加型非晶复合材料的制备

（1）压铸法

这种方法是制备颗粒增强非晶复合材料常用的工艺路线。首先将基体合金和外加颗粒一起熔炼成合金锭，然后利用非晶合金快速凝固技术，在一定的压力和速度下，将合金锭熔体压入金属模型的内腔，如图 2.5 所示。Johnson 研究组采用这种方法成功地制备了多种颗粒增强的 $Zr_{57}Nb_5Al_{10}Cu_{15.4}Ni_{12.6}$ 块体非晶复合材料，其微观结构如图 2.4(d) 和图 2.4(e) 所示。

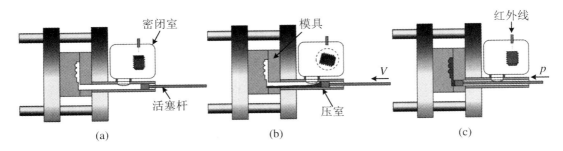

图 2.5　压铸设备工作方式示意图

（2）液相浸渗铸造法

液相浸渗铸造法确实是一种用于制备非晶复合材料的重要方法，特别适用于高含量的增强相。这种方法通过在液态合金上施加额外压力，促使液态金属渗透到增强相颗粒之间，并在快速冷却过程中实现结合,如图 2.6 所示。Yim 等人在 2002 年使用液相浸渗铸造法成功制备了含有高体积分数的 Ta、Nb、Mo 颗粒增强的 $Zr_{57}Nb_5Al_{10}Cu_{15.4}Ni_{12.6}$ 非晶合金基复合材料,这展示了该方法在高含量增强相复合材料中的应用潜力。在国内外,许多研究团队已经成功采用液相浸渗铸造法制备出了 W 纤维增强的 Zr 基非晶复合材料,如图2.4(f)所示。然而,这种方法的一个挑战是,在高温条件下,如何确保合金熔体能够充分渗透到增强相颗粒之间,并保持适当的渗透时间,以防止反应过度导致非晶基体的晶化和界面结合强度的降低。这需要精确控制温度和保温时间,以最大程度地保持非晶结构和复合材料的性能优势。这种方法的优势在于克服了直接铸造法中由于增加第二相含量和合金熔体黏度增加而导致的浇注困难,同时能够实现高含量增强相的均匀分布和良好的界面结合。

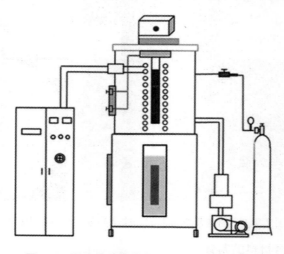

图 2.6　浸渗铸造块体非晶复合材料的示意图

2.3　非晶复合材料的凝固理论

从上述的非晶复合材料类型特点可以看出,β 型非晶复合材料因非晶基体的玻璃形成能力大和微观组织结构易于控制而备受关注。因此,本节重点讲述该类非晶复合材料的凝固理论。2007 年,Lee 等人测定一系列非晶内生复合材料的熔点,并提出重要的思想:用伪二元相图表示 Zr-Ti-Cu-Ni-Nb-Be 系 β 型复合材料在凝固过程中的组织演化,发现 β 相体积分数在一定范围内可以控制。然而,Lee 等人没有深入探究体积分数可控背后的物理原因,也没有系统地考虑冷却速率和合金成分对凝固过程的影响。例如,Qiao 等人用布里奇曼法制备非晶复合材料,发现 β 相的体积分数会随着冷速的降低而增加。实际上,在特别快的冷速下,初生晶态相为 BCC 结构的合金熔体都可以被冻结为非晶态。另外,Hofmann 等人和 Tang 等人分别对铸态 Zr 基和 Ti 基 β 型非晶内生复合材料做半固态处理,发现处理前后 β 相的体积分数并无变化,而 Cheng 等人发现其 Zr 基非晶内生复合材料半固态处理 1 min 后体积分数增加约 10%,继续延长半固态处理时间,β 相的体积分数保持不变。这都说明 β 型非晶内生复合材料的组织演化需要统一的理论描述。Zhang 等人系统地研究了 Ti 基 β 型非晶复合材料的微观组织随冷却速率的变化规律,并根据实验结果建立"两相准平衡"理论。"两相准平衡"理论可以描述 β 型非晶内生复合材料在凝固过程中的组织演化,这对 β 型非晶内生复合材料的理论和应用研究都是非常有意义的。

Zhang 等人通过研究 $Ti_{45.7}Zr_{33}Cu_{5.8}Co_3Be_{12.5}$(BT48)合金在不同冷速下的微观组织结构发现,在较快冷却速率时,BT48 非晶内生复合材料中的 β 相体积分数会随着冷却速率的降低而增加,同时 β 相和过冷液相的成分也会发生变化。然而,当冷却速率较慢时,β 相的体积分数和成分不再随着冷却速率的降低而改变。这一现象表明,在较低冷却速率下,凝固过程中组元有足够的时间在 β 相和过冷液相之间扩散并达到两相的亚稳平衡状态(即亚稳相之间的热力学平衡)。Thompson 和 Spaepen 研究了二元合金熔体中晶体的形核和长大,发现组元 i 对晶核长大速率的贡献 g^i 为

$$g^i = g_0^i \left[1 - \exp\left(\frac{\Delta \mu^i(T)}{RT} \right) \right]$$

其中,g_0^i 为温度相关的常数,R 是理想气体常数,T 是对应的温度,$\Delta \mu^i(T)$ 是组元 i 在晶体和液相之间的化学势之差。只有当两相化学势之差为 0 时,组元 i 对晶体的生长贡献为 0。当这个条件对所有组元都成立时,晶体和液相达到热力学平衡,在该温度下,晶体的体积分数不再改变。因此,在较低冷却速率下,BT48 非晶复合材料中 β 相的体积分数和成分之所以不随冷却速率变化,是因为 β-Ti 和过冷液相在被冻结前达到了两相平衡状态:

$$\Delta \mu^i(T) = \Delta \mu_\beta^i(T) - \Delta \mu_L^i(T) = 0$$

其中,$\Delta \mu_\beta^i(T)$ 和 $\Delta \mu_L^i(T)$ 分别是组元 i 在 β 相和过冷液相中的化学势:

$$\mu_\beta^i(T) = \mu_\beta^{i*} + RT\ln(\gamma_\beta^i C_\beta^i)$$

$$\mu_L^i(T) = \mu_L^{i*} + RT\ln(\gamma_L^i C_L^i)$$

其中,μ_β^{i*} 和 μ_L^{i*} 是常数,分别表示组元 i 在标准状态下的化学势;γ_β^i 和 γ_L^i 是组元 i 在两相中的活度系数;C_β^i 和 C_L^i 是组元 i 在两相中的浓度。图 2.7 用来描述两相准平衡凝固过程:(a)是伪二元相图,主要用来描述凝固过程中两相的成分变化;(b)是连续冷却转变(CCT)曲线,主要用来描述凝固过程中的相转变。

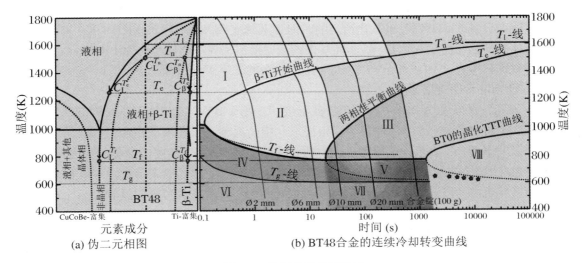

图 2.7 两相准平衡示意图

1. 连续冷却转变(CCT)曲线

过冷液相中晶态相的析出过程可以用连续冷却转变(Continuous Cooling Transformation，CCT) 曲线来描述。CCT 曲线需要在连续凝固过程中测定，这一过程非常困难。然而，由于 CCT 曲线和等温转变(Temperature Time Transformation，TTT) 曲线的上半部分相似(只是相对于后者稍微向右下偏移)，因此常常用 Grange 和 Kiefer 方法将 TTT 曲线转换成 CCT 图，或者直接用 TTT 曲线描述连续冷却过程中的相形成。晶态相的形核和长大过程是热力学和动力学共同作用的结果。热力学上，合金熔体过冷度($\Delta T = T_1 - T$)越大，形核和长大的驱动力 ΔG 越大;动力学上，合金熔体过冷度越大，温度越低，熔体黏度增加，原子扩散能力减弱，形核和长大变得困难，因此 TTT 曲线呈现出"C"形。Mukherjee 和 Johnson 等人对具有不同玻璃形成能力的合金熔体进行等温晶化实验，发现尽管合金熔体的液相线温度(T_1)和玻璃化转变温度(T_g)都不同，但 C 曲线的鼻尖温度(T_{nose})都为玻璃化转变温度的 1.3 倍，即 $T_{nose} = 1.3 T_g$。此外，根据 Turbull 的约化玻璃转变温度(T_{rg})，其中 $T_g = T_{rg} T_1$，由于 BT48 合金熔体易于析出晶态 β 相，其玻璃形成能力非常弱，T_{rg} 可取为 0.5。因此，对于任何合金熔体，可以结合其冷却速率，在 T_1 和 T_g 之间绘制 TTT 曲线示意图，如图 2.7(b)所示。BT48 合金的液相线温度约为 1600 K。图2.7(b)中最左侧曲线为 β 相开始析出的 C 曲线。

C 曲线不仅可以描述晶态相开始析出的过程，还可以用更多的 C 曲线来描述晶态相达到一定体积分数时的温度和时间。在 BT48 非晶复合材料凝固过程中，随着 β 相的析出，熔体的成分不断变化。由于 Cu、Ni、Be 元素的不断富集，熔体的玻璃形成能力不断提高，最终在其玻璃化温度冻结为非晶基体。同理，β 相和(过冷)液相达到两相平衡的温度和时间也可以用 C 曲线描述，但曲线的上限温度为 BT48 合金的液相线温度(约 1600 K)，下限温度为剩余液相的玻璃化转变温度 T_g(602 K，由 DSC 测定)，鼻尖温度 $T_{nose} = 1.3 T_g = 783$ K。图 2.7(b)中的中间曲线为两相平衡 C 曲线。

另外，非晶基体的 T_g 和 T_1 可以通过 DSC 来测定，分别为 602 K 和 990 K。DSC 实验可以测定非晶合金基体在低于晶化温度(T_x)等温过程中的晶化时间，测定的晶化时间可以作为绘制非晶合金基体晶化 C 曲线的参考。图 2.7(b)中右侧曲线为非晶合金基体开始晶化的曲线，五边形为 DSC 等温晶化测定的时间加上修正(2000 K 至 990 K)/1 K · s^{-1}(示意图中熔体冷却起始温度为 2000 K，非晶基体的玻璃形成临界冷却速率约为 1 K · s^{-1})。连续冷却过程中只考虑 C 曲线的上半部分，所有 C 曲线的下半部分用虚线表示。

2. 两相准平衡凝固过程

图 2.7，图 2.8 和图 2.9 中有五个特征温度:T_1 表示 BT48 液相线温度(约 1600 K);T_n 表示 100 g 合金熔体连续冷却过程中开始析出 β 相的温度;T_e 表示 β 相和(过冷)液相达到两相平衡的温度;T_f 表示连续冷却过程中两相冻结温度，对应于 C 曲线的鼻尖温度，低于这个温度后，连续冷却过程中 β 相和过冷液相不会发生任何变化;T_g 表示过冷液相的玻璃化转变温度。现以 100 g BT48 合金熔体的凝固详细阐述两相准平衡凝固过程。整个凝固过程主要可以分为三个阶段:β 相形核孕育阶段、β 相形核生长阶段、β 相熟化阶段。

(1) β 相形核孕育阶段

当合金熔体冷却至其液相线温度 T_1 时，即图 2.7(b)中冷却曲线与 T_1 线相交时，β 相开始满足热力学上的形成条件，如图 2.8(a)所示。但此时需要克服界面能引起的形核功，所以连续冷却过程中当合金熔体冷却到 T_n 时，即图 4.7(b)中冷却曲线与 T_n 线相交时，熔体中

才开始析出 β 相。

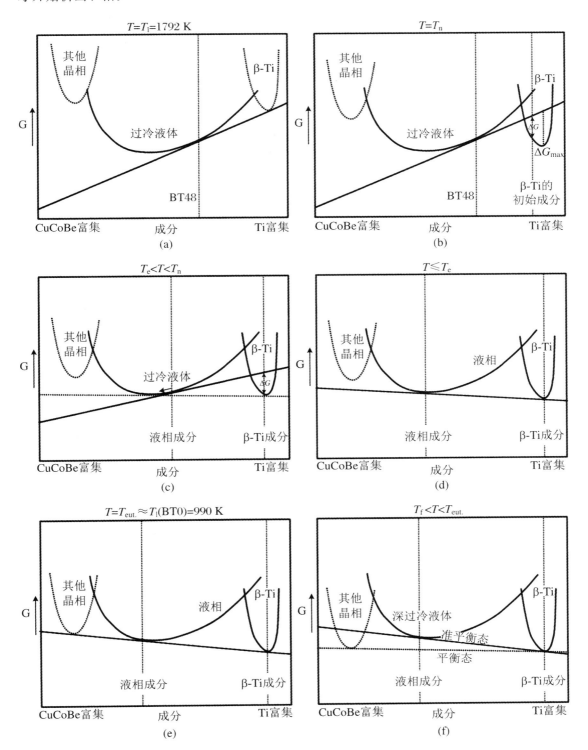

图 2.8　BT48 100 g 合金熔体凝固过程中两相的自由能变化示意图

（2）β相形核生长阶段

由于在 C 曲线上半阶段,温度很高,组元的扩散能力非常强,晶态相的析出过程是形核控制的,一旦晶态相形核便会迅速生长。需要说明的是,初始β相的成分并非对应热力学上最大驱动力的成分(接近自由能最低点的成分),而是位于稍左侧[图 2.8(b)],也即图 2.7(a)中 C_L^{Tn}。这种现象叫"溶质节流"(Solute Trapping),这是由于连续冷却过程中成分来不及充分扩散,并且具有与液相更相近成分的晶核具有相对更低的界面能,易于形核和生长。随着继续冷却,β相迅速生长,体积分数迅速增加,两相的化学成分发生改变,分别从 C_L^{Tn} 和 C_β^{Tn} 向 C_L^{Te} 和 C_β^{Te} 转变,如图 2.7(b)所示。由于两相成分的变化,析出β相的驱动力不断降低,如图 2.8(c)所示。当熔体温度降低至 T_e 时,β相析出的驱动力为零,也即两相达到热力学平衡[图 2.8(d)],此时两相的化学成分分别位于相图[图 2.7(a)]中平衡态曲线上的 C_L^{Te} 和 C_β^{Te}[即图 2.8(d)中公切点对应的两相成分]。

（3）β相熟化阶段

当温度低于 T_e 时,合金熔体的温度仍然较高,组元的扩散能力很强,可以跟上由于温度变化导致的两相热力学状态的变化[图 2.8(d)]。两相的成分会沿着图 2.7(a)中平衡相的液相线和固溶度曲线从 C_L^{Te} 和 C_β^{Te} 向 C_L^{Tf} 和 C_β^{Tf} 变化。这一阶段中,β相的体积分数仍会继续增加,并受相图中杠杆定律的支配。这一阶段最显著的变化是β相的熟化。由于β相枝晶生长过程中需要从液相中汲取组元物质,枝晶外围部分接触到的液相充足,所以二次枝晶臂直径较大,而枝晶根部接触到的液相有限,属于"营养不良",所以其二次枝晶臂直径较小。枝晶直径对组元局部化学势有重要影响,二次枝晶直径较小的部分具有较高的化学势,所以导致较细的枝晶根部熔解。二次枝晶直径较大的部分具有较低的化学势,导致继续长大,使得β-Ti 从枝晶状向球形颗粒状转变,这就是著名的"Ostwald"熟化过程。当熔体温度接近冻结温度 T_f(C 曲线鼻尖温度)时,熔体的黏度会呈现数量级的增加,组元的扩散不能跟上两相热力学状态随温度的变化,但在这个温度附近,过冷液相的液相面[图 2.7(a)中液相线虚线]较陡,成分变化非常小,可以认为两相在 T_f 附近仍然保持两相平衡过程。

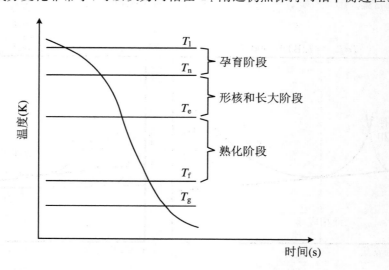

图 2.9 100 g BT48 合金熔体凝固过程中的三个阶段

需要特别说明的是,当液相温度低于 990 K 时,液体是热力学上的亚稳相,倾向形成热力学上更稳定的晶态相:$Cu_{10}Zr_7$ 和 Be_2Zr。但由于在连续凝固过程中,这种晶态相的形成需要较大的过冷度[图 2.7(a)中左侧虚线]来克服新相形成过程中界面能导致的形核势垒,过冷液相在玻璃化转变之前不会析出这些金属间化合物相,而是沿着图 2.7(a)中液相线虚线继续过冷。由于这种在两个亚稳相(β 相也是亚稳相)之间的亚稳平衡是在连续凝固过程中建立的,如图 2.8(f)所示,所以称之为"两相准平衡"。

当温度低于 T_f 时,合金组织为过冷液相和 β-Ti 相,由于此时过冷液相的黏度非常高,所以在连续冷却过程中,在过冷液相的温度低于系列 C 曲线的鼻尖温度时,两相组织不会发生明显变化。当温度为过冷液相的 T_g 时,这种组织冻结为非晶态基体中分散 β 相的内生复合材料的组织。

3. 冷却速率对两相准平衡凝固过程的影响

随着冷却速率的提高,冷却曲线和 T_n 曲线的交点会降低,甚至会绕过其鼻尖形成单相非晶态固体。这也说明随着冷却速率的提高,图 2.7(a)中析出晶态相的虚线会向下(更低温度)偏移。类似的,随着冷速提高,冷却曲线和图 2.7(b)中 T_e 曲线的交点也会降低,甚至会绕过 T_e 曲线的鼻尖(β 相和过冷液相未能达到两相平衡),然后直接与 T_f 曲线相交。

冷却速率对凝固过程的影响可以分为四种情况:(ⅰ)冷却速率足够快,绕过 β 相初始析出的 C 曲线[图 2.7(b) T_n 曲线];(ⅱ)冷却速率较快,冷却曲线和 T_n 曲线相交,但未能与两相平衡 C 曲线(T_e 曲线)相交;(ⅲ)冷却速率较慢,冷却曲线和 T_n 曲线以及 T_e 曲线相交,但不与过冷液相分解析出其他金属间化合物的 CCT 曲线(图 2.7 中最右侧 C 曲线)相交;(ⅳ)冷却速率低于过冷液相的玻璃形成临界速率,冷却速率和与过冷液相分解析出其他金属间化合物的 CCT 曲线相交。(ⅰ)获得单相非晶合金,(ⅱ)和(ⅲ)获得非晶合金内生复合材料,(ⅳ)获得完全晶化组织(金属间化合物加 β-Ti)。

综上所述,将 β 型非晶内生复合材料可以分为两类:"非平衡非晶内生复合材料"和"准平衡非晶内生复合材料",分别对应图 2.7(b)中区域Ⅵ和Ⅶ。图 2.7(b)中其他区域分别为:Ⅰ,液相;Ⅱ,液相 + β 相(非平衡,组织变化);Ⅲ,液相 + β 相(两相平衡,组织变化);Ⅳ,液相 + β 相(非平衡,组织无变化);Ⅴ,液相 + β 相(两相平衡,组织无变化);Ⅷ,完全晶化组织。

参 考 文 献

[1] Qiao J W, Jia H L, Liaw P K. Metallic glass matrix composites[J]. Materials Science and Engineering R, 2016, 100: 1-69.

[2] Chen Y, Tang C, Jiang J Z. Bulk metallic glass composites containing B2 phase[J]. Progress in Materials Science, 2021, 121: 100799.

[3] Wu Y, Ma D, Li Q K, et al. Transformation-induced plasticity in bulk metallic glass composites evidenced by in-situ neutron diffraction[J]. Acta Materialia, 2017, 124: 478-488.

[4] Sun B A, Song K K, Pauly S, et al. Transformation-mediated plasticity in CuZr based metallic glass composites: A quantitative mechanistic understanding[J]. International Journal of Plasticity, 2016, 85: 34-51.

[5] Zhang L, Yan T, opu D, et al. Shear-band blunting governs superior mechanical properties of shape memory metallic glass composites[J]. Acta Materialia, 2022, 241: 118422.

[6] Turchanin M A, Agraval P G, Abdulov A R. Thermodynamic assessment of the Cu-Ti-Zr system. II.

Cu-Zr and Ti-Zr systems[J]. Powder Metall Met Ceram,2008,47(78):428-446.

[7] Pauly S. Phase formation and mechanical properties of metastable Cu-Zr-based alloys[D]. Dresden: IFW Dresden,2010.

[8] Wu Y,Song W L,Zhou J,et al. Ductilization of bulk metallic glassy material and its mechanism[J]. Acta Physica Sinica,2017,66(17):176111.

[9] Qiao J W,Zhang Y,Chen G L. Fabrication and mechanical characterization of a series of plastic Zr-based bulk metallic glass matrix composites[J]. Materials & Design,2009,30:3966-3971.

[10] Lee S Y,Kim C P,Almer J D,et al. Pseudo-binary phase diagram for Zr-based in situ β phase composites[J]. Journal of Materials Research,2007,22:538-543.

[11] Zhang L,Fu H,Li H,et al. Developing β-type bulk metallic glass composites from Ti/Zr-based bulk metallic glasses by an iteration method[J]. Journal of Alloys and Compounds,2018,740:639-646.

[12] Yu Z,Zheng W,Li Z,et al. Accelerated exploration of TRIP metallic glass composite by laser additive manufacturing[J]. Journal of Materials Science & Technology,2021,78:68-73.

[13] 朱玉辉. 内生增韧 Zr-Nb/Ta-Cu-Ni-Al 非晶复合材料设计、制备与力学性能研究[D]. 沈阳:中国科学院金属研究所,2023.

[14] Zhang L,Pauly S,Tang M Q,et al. Two-phase quasi-equilibrium in β-type Ti-based bulk metallic glass composites[J]. Scientific Reports,2016,6:19235.

[15] Bian Z,He G,Chen G L. Investigation of shear bands under compressive testing for Zr-base bulk metallic glasses containing nanocrystals[J]. Scripta Materialia,2002,46:407-412.

[16] Szuecs F,Kim C P,Johnson W L. Mechanical properties of $Zr_{56.2}Ti_{13.8}Nb_{5.0}Cu_{6.9}Ni_{5.6}Be_{12.5}$ ductile phase reinforced bulk metallic glass composite[J]. Acta Materialia,2001,49:1507-1513.

[17] Kato H,Hirano T,Matsuo A,et al. High strength and good ductility of $Zr_{55}Al_{10}Ni_5Cu_{30}$ bulk glass containing ZrC particles[J]. Scripta Materialia,2000,43:503-507.

[18] 张龙. TiZr 基非晶合金及内生复合材料的结构设计和力学性能[D]. 沈阳:中国科学院金属研究所,2016.

[19] Choi Yim H,Conner R D,Szuecs F,et al. Processing,microstructure and properties of ductile metal particulate reinforced $Zr_{57}Nb_5Al_{10}Cu_{15.4}Ni_{12.6}$ glass composites[J]. Acta Materialia,2002,50:2737-2745.

[20] Zhang H F,Li H,Wang A M,et al. Synthesis and characteristics of 80 vol.% tungsten(W)fibre/Zr based metallic glass composite[J]. Intermetallics,2009,17:1070-1077.

[21] Choi Yim H,Busch R,Koster U,et al. Synthesis and characterization of particulate reinforced $Zr_{57}Nb_5Al_{10}Cu_{15.4}Ni_{12.6}$ bulk metallic glass composites[J]. Acta Materialia,1999,47:2455-2462.

[22] Liu L,Zhang T,Liu L,et al. Near-Net Forming Complex Shaped Zr-based Bulk Metallic Glasses by High Pressure Die Casting[J]. Materials,2018,11(11):2338.

第 3 章　外加型非晶复合材料

3.1　颗粒增强非晶复合材料

3.1.1　颗粒增强非晶复合材料的研究进展

颗粒增强非晶复合材料的研究与发展主要聚焦于将高熔点晶态相颗粒与非晶基体进行复合,例如 W、Ta、Nb、Mo 金属颗粒以及 SiC 和 WC 陶瓷颗粒等。1997 年,Yim 和 Johnson 首次将陶瓷和金属颗粒引入非晶合金中,成功制备了颗粒增强型非晶复合材料。即使在加入体积分数高达 30% 的 SiC 颗粒后,基体的非晶态结构依然可以被保持下来。在随后的一系列研究中,Yim 等人选用 WC、SiC、W、Ta 颗粒与 $Zr_{57}Nb_5Al_{10}Cu_{15.4}Ni_{12.6}$ 合金进行复合,结果表明,含有 10% 体积分数的 WC、W 和 Ta 颗粒的复合材料在压缩时的塑性为 3%~7%,但在拉伸时仍表现为脆性断裂。由于 SiC 颗粒与非晶合金基体之间的界面反应较弱,该复合材料在压缩和拉伸过程中均表现出脆性断裂行为。Lu 等人利用 3D 打印技术成功地开发出了由 Ta 和 Nb 等金属颗粒增强的 Zr 基非晶合金复合材料。研究表明,难熔金属颗粒不仅能够抑制基体中剪切带的扩展,还能有效传递载荷。在此基础上,研究人员制备出了层状的外加型非晶复合材料,通过层间和层内两个尺度的异步变形,成功解决了复合材料强度塑性匹配性差的难题。

韧性颗粒增加非晶合金塑性的机制在于,由于两相材料的热膨胀系数不同,界面会产生残余应力,同时韧性颗粒能够阻碍剪切带的扩展。除了这些因素外,颗粒的尺寸、体积分数、种类和分布也对非晶合金的力学性能具有重要影响。Jang 等人通过在脆性的 Mg 基非晶合金中加入不同体积分数和尺寸的 Mo 颗粒,发现当颗粒尺寸固定时,随着 Mo 颗粒体积分数的增加,复合材料的压缩塑性逐渐提高;而在体积分数固定的情况下,随着颗粒尺寸的减小,压缩塑性同样有所增强。例如,颗粒尺寸为 $20\,\mu m$ 的复合材料其压缩塑性高达 25%,且强度也有所提升。

Ta 颗粒增强非晶复合材料的力学性能尤为突出,其不仅能以外加的形式与非晶合金复合,还能以内生的形式从非晶合金熔体中析出。Li 等人在外加 Ta 颗粒增强 ZrCu 基非晶合金复合材料中获得了 22% 的压缩塑性(Ta 颗粒体积分数为 10%)。同时包含内生和外加 Ta 颗粒的复合材料其压缩塑性更是高达 44%。此外,Zhu 等人在体积分数为 3%、颗粒尺寸在几微米到 $50\,\mu m$ 的内生 Ta 颗粒复合材料中获得了 1.8% 的拉伸塑性;Guo 等人在体积分数为 15%、颗粒尺寸为 $30\,\mu m$ 的内生复合材料中获得了 2% 的拉伸塑性。Ta 颗粒附近的应力集中可以促进剪切带萌生,同时又能阻碍剪切带的进一步扩展,加上 Ta 颗粒本身具有良好的塑性变形能力,使得 Ta 颗粒增强复合材料表现出优异的力学性能。

随着非晶复合材料的不断发展,除了机械性能外,对其性能的要求已扩展到高强高导性能、磁性能、吸波性能等。

(1) 高强高导材料

以 $Cu_{50}Zr_{43}Al_7$ 非晶合金作为基体材料,通过化学镀铜和掺杂工艺制备的 Cu 颗粒增强非晶复合材料,其压缩强度可达到 721 MPa,同时具有 13% 的压缩应变,电导率达到 35.02% IACS,展现出较好的应用前景。

(2) 吸波材料

铁基非晶粉末因其优异的软磁性能和较为低廉的成本成为新型吸波剂材料。Shi 等人采用铁基非晶磁性粉体材料和碳、二氧化钛介电材料结合形成复合材料,提升了铁基非晶粉体的微波吸收性能。

(3) 穿甲材料

以 W 颗粒作为增强相的 Zr 基非晶复合材料,当 W 颗粒体积分数达到 50% 以上时,材料具有较高的密度和优异的侵彻性能,可作为理想的穿甲材料。

(4) 生物材料

羟基磷灰石/Zr 基非晶复合材料、Ti 基非晶复合材料和 Mg-Zn-Ca 非晶复合材料具有良好的生物相容性、耐蚀性能和无毒性,在生物移植领域具有应用前景。

(5) 光催化材料

采用具有光催化作用的二氧化钛粉末增强铁基非晶合金制备的复合材料,具有较好的光催化特性,可用于高效降解偶氮染料,在水处理领域具有潜在应用价值。

总而言之,零维颗粒增强非晶复合材料的力学性能主要受韧性相颗粒的尺寸、体积分数和种类等因素的影响。随着研究的不断深入和技术的持续进步,颗粒增强非晶复合材料在各个领域的应用前景将愈加广阔。

3.1.2 颗粒增强非晶复合材料的制备方法

对于外加颗粒增强非晶复合材料的制备,早在 1997 年,Yim 等人就采用了直接铸造法,向 CuTiZrNi、ZrTiAlCuNi 和 ZrNbAlCuNi 三种非晶合金中加入了脆性 SiC、WC、TiC 颗粒和韧性金属 W 和 Ta 颗粒,控制外加颗粒的体积分数在 5%～30%。该方法采用感应熔炼将合金熔液与外加颗粒混合,在重复熔铸后通过喷嘴注入铜模具进行快速冷却。发展到现在,外加颗粒增强非晶复合材料的制备方法主要包括液相浸渗法、压铸法和粉末冶金法,前两种方法已在 2.2 节介绍,本节将不再赘述。粉末冶金法能够精确控制颗粒的分布和复合材料的微观结构,尤其放电等离子烧结(Spark Plasma Sintering,SPS)技术具有烧结速度快、烧结温度低的特点,在烧结过程中快速降低复合粉体的黏度,因此能有效抑制非晶的晶化以及界面反应,对于非晶合金及其复合材料的制备具有较大的优越性,也是目前非晶复合材料制备技术研究的热点。

采用粉末冶金法制备非晶复合材料利用了非晶合金在过冷液相区具有黏滞流动性和超塑性变形能力的特点,通过对混合粉末进行加压烧结实现材料的成型。该方法不受非晶合金临界冷却速度的限制,因此所制备的非晶复合材料在尺寸上没有局限性,广泛应用于非晶合金及其复合材料的制备过程中。

目前,非晶复合材料的粉末冶金法制备是将非晶合金粉末和外加颗粒装入烧结模具中,采用热压烧结、热挤压、热等静压和放电等离子烧结等技术,制备得到外加颗粒增强非晶复合材料。对于热稳定性好、具有较大过冷液相区的非晶合金作为基体的复合材料,采用粉末冶金法既可避免非晶合金基体与外加颗粒在界面处的反应,改善界面结合问题,控制非晶合金基体的晶化。同时,随着非晶合金粉末雾化制粉技术的日渐成熟,粉末冶金法逐渐发展成为制备大尺寸外加第二相非晶复合材料最有效的方法,促进了非晶复合材料的不断发展和应用。传统的粉末冶金法是将非晶合金复合粉末加热到过冷液相区内某一温度,并施加一定的压力进行烧结。该方法利用非晶合金在过冷液相区内的超塑性和原子的扩散,施加一定的压力使粉末发生塑性流动进行成形,得到高密度的块状非晶复合材料。但非晶复合材料在高温下长时间烧结导致的非晶基体的晶化,热挤压力对模具和工艺的过高要求,以及两相间的界面结合强度低等,都是目前传统粉末冶金法制备非晶复合材料存在的突出问题。因此,传统的烧结方法对于具有较高 T_g 和相对较低 ΔT_x 间隔的非晶合金基复合材料来说,在提高致密度、控制非晶基体的晶化以及两相之间的反应等方面具有一定的挑战性。

放电等离子烧结技术是利用脉冲电流实现快速均匀体加热活化粉末表面,在单轴压力下快速致密化。Xie 等人在 623 K 的温度下,采用 SPS 烧结法制备出了直径为 10 mm 的 10% Si_3N_4 颗粒/$Zr_{55}Cu_{30}Al_{10}Ni_5$ 和 10% Al_2O_3 颗粒/$Zr_{55}Cu_{30}Al_{10}Ni_5$ 非晶复合棒材。Zhao 等人在 760 K 的烧结条件下,采用 SPS 技术制备了直径为 15 mm,致密均匀的 $Fe_{76}Si_9B_{10}P_5$/$Zn_{0.5}Ni_{0.5}Fe_2O_4$ 非晶复合材料。

目前,高体积含量第二相颗粒的均匀分散问题及两相间的界面结合问题,是 SPS 烧结制备非晶复合材料时所面临的两个主要难题。Jin 等人利用 SEM 对第二相体积含量分别为 30% 和 50% W 颗粒/$Zr_{55}Cu_{30}Al_{10}Ni_5$ 非晶复合材料进行了研究,如图 3.1 所示,发现随着 W 颗粒体积分数的增加,复合材料中非晶合金的含量逐渐减少。当 W 颗粒含量达到 50% 时,复合材料中会出现 W 颗粒聚集的现象,这会导致孔隙缺陷的形成。随着 W 颗粒体积分数的进一步提高,孔隙缺陷的数量也随之增多。

对于复合材料中存在孔隙导致致密度降低的问题,Ding 等人从工艺着手,通过两步火花等离子烧结显著提高了烧结试样的致密度和断裂强度,并降低了最终的烧结温度。针对复合粉末中第二相颗粒的均匀分散和界面结合问题,姜旭东等人采用表面包覆法对外加颗粒进行化学镀修饰,提高了添加颗粒与基体的润湿性,并结合真空搅拌使得复合粉末分散更均匀,从而获得了性能优异的 Fe/$Mg_{66}Zn_{30}Ca_4$ 非晶复合材料。Liu 等人采用冷冻干燥法结合超声分散,解决了碳纳米管的团聚以及两相的分层问题,得到了均匀分散的碳纳米管 + ZrCu 非晶合金混合粉末,并烧结得到致密度为 95.36% 的碳纳米管/ZrCu 非晶复合材料。

此外,针对与非晶基体密度相差过大的第二相颗粒,例如重金属 W 颗粒在 Zr 基非晶合金中的分散问题以及偏析问题,Gong 等人采用微喷射黏结 3D 打印技术,通过双鼓轮式送粉装置将两相粉末经由双喷头均匀喷涂,形成混合均匀的粉末层,随后利用黏结剂生成黏结层。通过重复喷粉和喷射黏结剂,最终获得颗粒相分布均匀的预压坯。接着对预压坯进行热等静压烧结,成功制备出大尺寸、颗粒相分布均匀的 W 颗粒增强非晶复合材料。然而,黏结剂的引入及其升温分解对复合材料的致密度及两相界面结合的潜在影响,进而对材料性能的影响,尚需进一步研究。

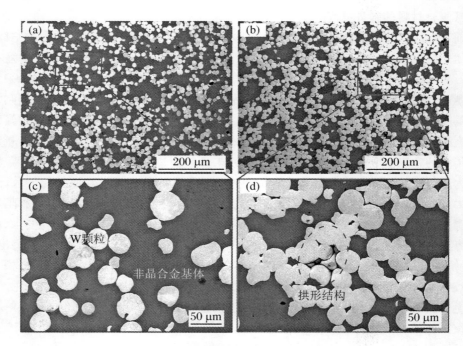

图 3.1 非晶复合材料的 SEM 图像

(a) 30%W 非晶复合材料和(b) 50%W 非晶复合材料烧结试样的 SEM 形貌；(c)和(d)分别为(a)和(b)中轮廓区域的高倍图像

对于两相均匀分布及两相界面结合问题的改善，Wang 等人在 SiC 颗粒表面通过化学镀包覆 Cu 层，改善了 SiC 与基体之间的润湿性，从而得到良好的界面结合并有效提高材料的致密度。Luo 等人通过气体喷射的方式，将金属铝液经金属液导流管与初步分散的氧化铝粉末和输送气体混合，在喷射系统中实现金属铝液包覆氧化铝芯核粉末，来改善两相界面的结合和均匀分散。类似的，Zhang 等人针对烧结法制备的白刚玉/磁性磨料颗粒易团聚，并出现磨粒相与铁磁相分离的现象，采用包覆粉体的雾化快凝法制备出球形度较好的复合磁性磨料。磨粒相均匀地分布在磁性铁基体中，并与之牢固结合，较好地解决了两相粉末的均匀分散和界面结合问题。这对于解决外加颗粒增强非晶复合材料的制备中存在的分散问题、两相界面结合问题以及成分偏析问题具有一定的借鉴意义。

3.1.3 颗粒增强非晶复合材料的力学行为

Yim 等人在 $Zr_{57}Nb_5Al_{10}Cu_{15.4}Ni_{12.6}$ 非晶合金中加入与其热膨胀系数 α 接近的陶瓷颗粒(SiC、WC)和韧性金属颗粒(W、Ta、Nb、Mo)，系统地研究了颗粒/非晶合金复合材料的力学行为。结果发现添加 $V_f = 10\%$ 的颗粒(30~50 μm)可使复合材料呈现出 3%~7%的压缩塑性变形，同时强度也有一定的改善(图 3.2)。进一步的研究表明，少量的小尺寸(约 2 μm)($V_f = 10\%$)Nb 和 Ta 颗粒并不能提高非晶合金复合材料的压缩塑性，仅使其断裂强度略微升高；而高体积分数($V_f = 50\%$)的大尺寸(30~200 μm)颗粒，可以使复合材料的压缩塑性得到大幅度的提高，其中 200 μm Nb 颗粒增强的非晶合金复合材料可以获得高达 24%的压缩应变，但是其屈服强度和压缩强度却明显降低，如图 3.2(b)所示。对于外加颗粒增强的非晶合金复合材料,由于第二相颗粒和非晶基体的热膨胀差异,使得复合材料在冷却后存在着热残余应力。一般来说,颗粒的热膨胀系数要小于非晶基体($\alpha_p < \alpha_m$),这使得第二相颗粒处于压应力状态,颗粒周围的玻璃基体则受到径向压应力和周向拉应力的作用,这种周向拉应力将基体中的剪切带或裂纹引向颗粒。当颗粒增强相的尺寸大于剪切带的宽度时,韧性颗粒能够有效阻碍剪切带的扩展并诱导多重剪切带的产生,从而显著提高复合材料的塑性。然而,脆性颗粒会先于非晶基体之前发生屈服和,从而导致复合材料表现出较低的强度。相反,当颗粒尺寸小于或接近剪切带宽度时,增强相无法有效阻止剪切带的快速扩展,仅能增加剪切带内原子运动的阻力而无法促进多重剪切带的形成,因此复合材料的强度得到提高但塑性无法得到改善。

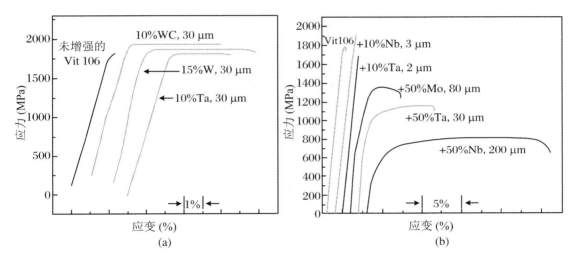

图 3.2　颗粒增强 $Zr_{57}Nb_5Al_{10}Cu_{15.4}Ni_{12.6}$ 非晶合金复合材料的压缩应力-应变曲线

Jang 等人通过在脆性 Mg 基非晶合金中添加 Mo 颗粒,研究不同体积分数和尺寸大小的 Mo 颗粒对非晶合金力学性能的影响,发现剪切带会被非晶基体－Mo 颗粒界面阻碍,其扩展路径受到 Mo 颗粒间距限制,从而严重影响其压塑塑性。当颗粒体积分数固定时,较小Mo 颗粒具有更多相界面和更小的 Mo 颗粒间距,因此剪切带平均自由路径更小,这使得 Mo 颗粒周围形成更密集的多重剪切带,从而阻碍剪切带在样品中快速扩展,因此对于 Mo 颗粒体积分数为 25% 的复合材料,当颗粒大小从 58 μm 减少到 20 μm 时,压缩塑性则从 10% 增加到 27%。当颗粒大小固定时,随 Mo 颗粒体积分数增加,复合材料的压缩塑性也会逐渐增加。另外,在 Fe 颗粒增强 Mg 基非晶复合材料也观察到了类似的影响规律。显然,剪切带平均自由扩展路径严重影响非晶复合材料的力学性能,通过添加韧性颗粒增强相可以相对容易地调控剪切带的扩展行为和非晶复合材料的力学性能。

Guo 等人通过将多孔 NiTi 形状记忆合金粉末添加到 Mg 基非晶合金中,研究了多孔形状记忆合金颗粒对非晶合金力学性能的影响。结果显示,在这些复合材料中,多孔颗粒的体积分数处于 5%～20% 范围,并且在非晶基体中均匀分布。其中,多孔 NiTi 颗粒体积分数为20% 的非晶复合材料塑性可高达 10.6%,断裂强度高达 1173 MPa,并且具有明显的加工硬化行为。进一步研究发现,许多微裂纹被限制在多孔 NiTi 颗粒内部,并阻碍了单一剪切带的快速传播,从而诱发多重多剪切带。另外,NiTi 颗粒特有的应力诱导马氏体转变提高了非晶复合材料的加工硬化能力和塑性变形能力。因此,添加多孔形状记忆合金颗粒增强的非晶复合材料可为设计高塑性和高加工硬化能力的非晶复合材料提供新思路。

Ta 颗粒增强相与其他颗粒增强相有着显著区别,不但可以作为外加颗粒与非晶合金进行复合,而且能够以内生的形式从非晶合金熔体中析出。Li 等人在以外加 Ta 颗粒增强 ZrCu 基非晶合金复合材料的研究中取得了显著成果,当 Ta 颗粒体积分数为 10% 时,该复合材料获得了高达 22% 的压缩塑性。不仅如此,他们所制备的同时包含内生和外加 Ta 颗粒的复合材料,其压缩塑性表现更为突出,达到了 44%。Ta 颗粒增强的非晶复合材料能够表现出如此优异的力学性能,一方面是由于 Ta 颗粒附近会产生应力集中,这种应力集中现象能够促进剪切带的萌生;另一方面,它又可以对剪切带的进一步扩展起到显著阻碍作用。另外,Ta 颗粒本身具备良好的塑性变形能力,这些因素相互协同,赋予了 Ta 颗粒增强非晶复合材料出色的力学性能,这也为颗粒增强非晶复合材料的研发提供了新的方向。

3.2 纤维增强非晶复合材料

3.2.1 纤维增强非晶复合材料的研究进展

纤维增强非晶复合材料主要利用浸渗法使 W 纤维和 Ta 纤维等纤维增强体与非晶基体复合。1998 年,Conner 等人通过液态浸渗法首次制备出钨纤维/钢纤维增强 Zr 基非晶合金复合材料,在压缩时,钨纤维增强非晶合金复合材料的断裂应变远远高于非晶合金的断裂应变;而在拉伸时,钢纤维增强非晶合金复合材料的塑性应变约为非晶合金的断裂应变,并伴有明显的加工硬化现象。这种韧性的提高源于纤维对剪切带扩展的限制,从而使非晶合金基体产生更多剪切带,而且纤维本身也可以通过变形对韧性有贡献。Conner 等研究人员的工作为非晶合金在国防领域的应用奠定了重要基础。随后,关于钨纤维增强的非晶合金复合材料力学性能的研究陆续得到了广泛报道。纤维增强非晶复合材料的制备工艺直接影响纤维与非晶合金基体之间的界面结合质量,从而决定了复合材料的最终力学性能。Clausen 等人采用中子衍射的手段,同时结合有限元模拟方法研究了四种不同体积分数的 W 纤维增强 Zr 基非晶复合材料的单轴压缩力学行为。在变形过程中,W 纤维首先发生屈服,并将载荷传递给非晶基体。当非晶基体屈服后,大量剪切带开始形成,材料的整体屈服行为则受到热残余应力的影响。2009 年,Zhang 等人基于对 Zr 基非晶合金与钨纤维润湿性的理解,通过控制渗透和凝固过程,成功制备了体积分数为 80% 的复合材料,其压缩强度和塑性应变分别为 2550 MPa 和 23%。2013 年,Zhang 等人采用连续浸渗工艺成功制备了钨纤维体积分数为 61.4% 的非晶复合材料,该材料的拉伸断裂强度高达 2867 MPa,创下了此类复合材料的最高记录,此外,此非晶复合材料还具有 1.25% 的拉伸塑性。纤维的体积分数、直径及取向在提高复合材料性能方面具有不同的影响作用。王志华等人对直径 250 μm 的钨纤维复合材料进行了研究:当钨纤维的体积分数小于 50% 时,塑性随体积分数的增加而增加;而当钨纤维的体积分数大于 50% 时,塑性则开始降低。Zhang 等人研究了钨纤维直径分别为 200 μm、500 μm、700 μm 和 1000 μm 的非晶复合材料,发现随着钨纤维直径减小,非晶复合材料的面体率增大,非晶合金基体的小尺寸效应增强,从而使得复合材料的压缩性能得到提升。Kim 等人在以不锈钢纤维作为增强相的研究中发现,直径为 110 μm 的钢纤维增强复合材料的力学性能优于直径为 250 μm 的钢纤维增强复合材料。此外,纤维的取向对非晶复合材料的强度和塑性具有显著影响。Zhang 等人首先注意到纤维取向不同导致复合材料的变形和断裂行为不同;Lee 等人的研究表明纤维垂直于载荷方向时,复合材料的力学性能会变差;张波等人系统地研究了不同取向的钨纤维增强非晶复合材料在压缩和拉伸时的力学响应,结果表明复合材料的性能受纤维与载荷之间的角度影响;此外,Hu 等人也在钨纤维增强 Cu 基非晶合金复合材料中发现了相似的规律。非晶合金基体对复合材料的力学性能也有重要影响。2012 年,Son 等人制备了基体中含有内生 β 枝晶相的钨纤维增强非晶复合材料,其中基体内的枝晶相体积分数为基体外的钨纤维体积分数为 68%。由于同时具备外加相和内生相的优点,该复合材料的压缩强度明显高于不含枝晶相的钨纤维/非晶合金复合材料,达到 2430 MPa。然而,在拉伸过程中,该复合材料仍表现出脆性断裂,这可能与外加相的体积分数或直径大小有关。

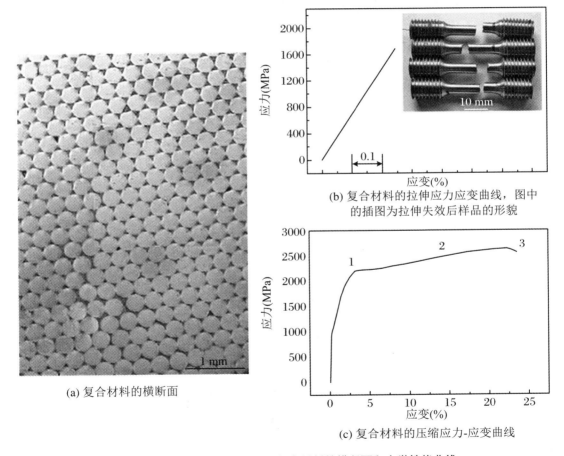

(a) 复合材料的横断面

(b) 复合材料的拉伸应力应变曲线,图中的插图为拉伸失效后样品的形貌

(c) 复合材料的压缩应力-应变曲线

图 3.3　W 纤维增强 Zr 基非晶复合材料的横断面和力学性能曲线

自 2000 年以来,Conner 等人报道了 W 纤维/Zr 基非晶合金复合材料的动态力学行为。与 W 合金相比,W 纤维/Zr 基非晶合金复合材料具有更加优异的动态力学性能。W 纤维增强非晶合金复合材料良好的力学性能以及潜在的国防应用前景使其成为广泛研究的非晶合金复合材料之一。人们对其变形机理的认识也在不断加深,包括复合材料中的残余应力

状态、W 纤维与非晶基体之间的相互作用、纤维体积百分含量以及应变速率对复合材料变形行为的影响等。除 W 纤维外,科研人员还报道了其他纤维增强的非晶合金复合材料,包括 Cu 纤维、Mo 纤维、Ta 纤维、碳纤维、不锈钢纤维、碳纳米管增强非晶合金复合材料等。这些纤维增强非晶复合材料的模量一般都可以用混合法则来计算得到。一些连续纤维增强非晶复合材料具有一些功能应用价值。例如,短而不规则的黄铜纤维可以显著降低 Ni 基非晶合金的电阻率,从而使材料具有高强度和高电导率,非常具有功能应用价值。近来,Deng 等人报道了一种新颖的非晶合金纤维增强的非晶合金复合材料,他们通过在 Zr 基非晶中引入不锈钢毛细管,通过浸渗法制备了非晶合金复合材料,其新颖之处在于不锈钢毛细管中可以形成与基体隔离的非晶纤维,而非晶纤维的小尺寸效应可以确保复合材料具有相对较高的强度。此外,毛细管的引入可以实现低体积百分含量下引入更多的界面,因此复合材料与同体积百分含量的普通纤维增强复合材料相比,具有更大的压缩塑性。

3.2.2　纤维增强非晶复合材料的变形特点

在制造或使用过程中,纤维增强复合材料内部可能存在多种缺陷和损伤。从微观角度来看,这些缺陷包括纤维断裂、孔洞、局部纤维排列不均、纤维倾斜以及界面开裂等。其中有些缺陷可归为损伤,损伤尺寸大致在 0.01～0.1 mm。复合材料受力发生变形的过程中,随着加载的进行,原有缺陷进一步扩展或者新的损伤出现,直至材料发生整体破坏。其中有些缺陷可以被归类为损伤,损伤尺寸大致在 0.1 mm。复合材料受力发生变形的过程中,随着加载的进行,原有缺陷进一步扩展或者新的损伤出现,直至材料发生整体破坏。纤维增强的复合材料中存在四种主要的损伤类型:界面脱黏、基体开裂、层间开裂以及纤维断裂。复合材料的实际破坏方式非常复杂,通常为上述四种不同类型损伤组合而成的综合破坏方式。随着损伤的不断增大,裂纹进一步扩展,最后造成复合材料的整体断裂。图 3.4 为纤维增强复合材料中各种损伤形式的示意图。复合材料在加载过程中,损伤扩展至使材料发生断裂的过程可以分为两种模式:一种是复合材料中原有的缺陷尺寸较小,随加载的进行,缺陷的尺寸不断地扩大且更多新的缺陷不断地产生,导致复合材料整体失效,这种失效方式称为整

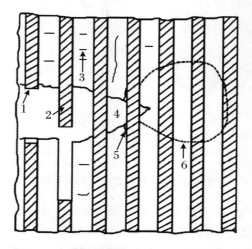

图 3.4　纤维增强复合材料的各种损伤形式

1. 纤维断裂;2. 纤维拔出;3. 基体微裂纹;4. 基体开裂,纤维桥联;5. 界面损伤开裂;6. 层间剪切破坏

体损伤模式;另一种是复合材料中原有的缺陷尺寸较大,加载过程中产生的应力集中造成裂纹快速扩展导致复合材料失效,这种失效方式称为裂纹扩展模式。复合材料的失效断裂可能主要以一种破坏模式为主,也可能同时出现两种模式。通常情况下,总体损伤模式首先显现,当最大裂纹尺寸达到临界值时,裂纹扩展模式会随之出现。

在增强相的形状、分布以及体积百分含量都确定的情况下,复合材料的力学性能取决于增强相和基体的性能以及增强相与基体之间的界面结合状态。在纤维增强复合材料的变形过程中,若在均匀应力状态下某一根纤维首先断裂,则断裂纤维附近的纤维由于应力集中效应可能随后会发生破坏。这与已断裂纤维附近的局部应力重新分配有关,也就是说,单一的纤维破坏会导致损伤以纤维沿单一平面破坏的方式扩展。这一过程将导致断裂纤维周围的基体中弹塑性应变过高,从而造成复合材料的整体破坏。为了避免这一情况,确保载荷整体分配是至关重要的,那么如何使已破坏纤维所释放的载荷平均分配到其他所有未破坏的纤维中呢? 在纤维增强复合材料中,通过调控纤维与基体之间的界面结合性能,可在部分纤维受损后实现应力的均匀分布,从而改善材料的整体力学性能。成功的纤维增强金属基复合材料通常都有一个较弱的界面结合,较弱的界面结合能够在纤维破坏后有效实现载荷的均匀分配,从而确保复合材料保持较高的纵向强度。但是,界面结合过弱,在横向载荷下,复合材料容易发生界面脱黏,导致横向强度低于基体强度,这也是纤维增强金属基复合材料的不足之处。由以上叙述可以看出,界面结合对复合材料的力学性能具有非常复杂的影响,针对不同的力学性能需求对界面结合强度的要求也各不相同。界面结合强或弱可以由断口形貌反映出来。结合不好时,断口处可以观察到大量拔出的长纤维;结合适中时,纤维拔出一定长度;结合过强时,无纤维拔出现象,断口比较平整。界面结合过强或太弱,复合材料的纵向拉伸强度都会降低。界面对剪切强度的影响与纵向拉伸强度不同,界面结合越强,剪切强度越高;剪切强度越高,复合材料的冲击能量越小。而复合材料的疲劳强度随界面结合强度的提高变化不大,因此为了改善复合材料的疲劳性能,通常要求界面结合稍强即可。

3.2.3　W 纤维增强非晶复合材料的性能特征

非晶合金具有与晶态材料不同的动态断裂特征,晶态材料的动态断裂强度往往随着变形速率的提高而减小,而非晶合金的动态断裂强度则随着变形速率的提高而增大。特别是非晶合金呈现出自锐效应,即其断裂面始终与最大主应力方向成 45° 角,有很好的自锐性,这些特征符合穿甲弹芯材料的要求。因此,自从非晶合金被开发以来,其在穿甲弹芯材料方面的应用便引起了广泛关注。但是直接将非晶合金用于穿甲弹材料还需要解决合金密度低的问题,现有非晶合金的密度均低于 $10 \, \mathrm{g \cdot mm^{-3}}$,根据物理学原理,在同等火药的情况下,弹丸获得的动能相同,而一个物体的动量 P 和动能 E 的关系为 $P = (2mE)^{1/2}$,可见弹丸在动能相同的情况,其动量和质量 m 的平方根成正比。根据动量原理,弹丸穿甲时的平均穿透力 F、穿甲时间和弹丸动量 P 有如下关系:

$$F = \frac{P}{t} = \frac{(2mE)^{1/2}}{t}$$

穿甲弹在穿透装甲目标时,要求其具有极高的动能,所以穿甲弹也被称作动能武器。质量越大的穿甲弹芯,以同样速度击中目标时的动能越大,穿甲威力也就越大。因此高密度是穿甲弹用材料的首要条件。目前正在使用的高效动能穿甲材料主要是钨基合金和贫铀合金,钨基合金穿甲性能要比贫铀合金低 10%～15%,这是因为贫铀弹具有很强的绝热剪切敏感性,在穿甲过程中出现"自锐性"现象,而通常的钨基合金绝热剪切很不敏感,在受力条件下倾向于"蘑菇头"断裂模式,这种断裂模式限制了其穿甲过程中的自锐性。但是贫铀弹爆炸后产生的放射性气溶胶和造成的环境污染,会对贫铀暴露地区人员的活动和生活产生不利影响。针对上述情况,近年来国内外开展了 W 丝/块体非晶合金复合材料的研究,下面介绍一些有关复合材料的界面、性能和变形行为的研究结果。

在复合材料中,增强体与基体接触形成的界面是一层具有一定厚度的结构,且其结构特征取决于基体和增强体的性质,并与基体和增强体都存在明显的差异。它是增强体和基体之间连接的纽带,也是应力和其他信息传递的桥梁,是复合材料极为重要的微结构,其结构和性能直接影响复合材料的性能。目前的 W 丝/非晶合金复合材料都是采用液态浸渗铸造方法制备的,非晶合金熔体对 W 丝的润湿是浸渗过程得以进行的首要条件,同时浸渗需要在高温下进行,W 丝和非晶合金基体之间易发生不同程度的界面反应,虽然合适的界面反应有利于界面结合,但强的界面反应会造成 W 丝的严重损伤,并且随着 W 丝向基体中的溶解,改变基体的成分,使基体玻璃形成能力下降。此外,在随后的快冷过程中由于 W 丝和非晶合金之间热膨胀系数的差异,凝固后复合材料中的热残余应力也是不可避免的,热残余应力会在界面处形成应力集中,甚至导致界面开裂。所以要了解 W 丝/非晶合金复合材料的界面,得到理想的界面状态,需要考虑复合材料的界面润湿性、界面反应情况和界面残余应力这三个方面。J. Schroers 在真空条下将 $Zr_{41}Ti_{14}Cu_2Ni_{10}Be_{23}$ 溶液滴到 W 等板材上,用 X 射线衍射、DSC、SEM 以及电子探针分析了非晶熔体对钨丝的浸润性、界面反应、界面结合以及界面行为对基体合金玻璃形成能力的影响。

与 ZrTiNiCuBe 非晶合金相比,无论 W 纤维方向如何,复合材料的塑性均有一定程度的改善,复合材料的塑性应变量随 θ_f 的变化而改变,如图 3.5 所示。大体积百分含量的 W 纤维的引入会产生更多的界面区域,而界面有助于阻止剪切带的扩展并促使多剪切带的形成,有助于材料塑性的提高。众所周知,非晶合金的塑性变形集中在有限的几条剪切带内,在单轴压缩或者拉伸条件下,其变形和破坏由单一剪切带控制。然而,在高限制条件下,例如非晶合金板承受弯曲载荷时,或者小高径比的样品承受压缩载荷时,非晶合金却表现出较好的塑性变形能力。根据 Conner 等人的研究结果,当非晶丝的直径小于 1 mm 时,在弯曲载荷下,其剪切带间距随着样品尺寸的减小而减小,而剪切带密度越大预示着材料的塑性变形能力越好。非晶丝的横截面为一个三角区,其最大尺寸为 74 μm。当非晶丝与加载轴平行即 θ_f 为 0°时,复合材料在压缩载荷下,由于其横向镦粗或 W 纤维的屈曲,非晶丝会随着弯曲,而弯曲载荷的引入会促使多剪切带的形成从而改善复合材料的塑性。然而随着 θ_f 由 0°增大到 45°,W 纤维的弯曲变得越来越困难,复合材料的横向应变也随着材料塑性应变的减小而减小,且随着 θ_f 趋近于最大剪切应力方向,界面脱黏以及基体剪切变得越来越容易,因此复合材料的塑性变形能力随 θ_f 的减小而降低。当 θ_f 为 60°,材料的破坏模式比较复杂,为界面脱黏、沿 W 纤维密排面的纵向劈裂以及沿 W 纤维密排面的剪切破坏的混合模式,不同的破坏模式之间的竞争将有利于材料塑性的提高。随着 θ_f 接近或等于 90°,非晶丝近似于横向放置,即垂直于加载轴,类似于小高径比效应,非晶丝的压缩塑性变形能力将增大,但是 W 纤维也将更容易发生径向剪切破坏,那么复合材料的塑性变形能力取决于两者之间的竞争。根据实验现象,W 纤维中的裂纹先于基体中的剪切带产生,因此复合材料更容易沿 W 纤维发生剪切破坏,材料的塑性应变也将随之下降。

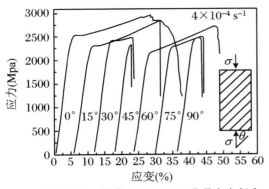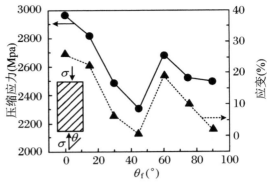

(a) 不同方向W纤维/ZrTiNiCuBe非晶合金复合　　　　(b) 抗压强度以及塑性应变随纤维方向的变化
　　材料的压缩应力-应变曲线

图 3.5　复合材料的塑性应变量随 Q_f 的变化图像

3.3　片层增强非晶复合材料

目前,利用片层状结构作为增强体制备非晶复合材料的研究相对较少。Deng 和 Ma 等人研发出不锈钢管增强 Zr 基非晶复合材料,二维不锈钢管将 Zr 基非晶相分为纤维和基体两部分,该类复合材料表现出较大的压缩塑性。另外,多层金属膜通过扩散偶机制形成非晶合金也可以获得片层增强非晶复合材料,但由于多层膜的厚度很小,且组元的非对称扩散会导致柯肯达尔孔洞,故对其力学性能的研究很少。1989 年,Gleiter 等人通过对纳米级非晶合金颗粒进行冷压,合成了被称为纳米非晶合金的 Pd 基非晶固体。纳米非晶中含有分隔"非晶态晶粒"的"晶界",Ritter 等人通过分子动力学模拟表明这种界面可以在非晶合金中稳定存在。这种在合成过程中引入二维界面的非晶固体,或许也可以认为是片层增强的非晶复合材料。

最近,Lin 等人通过将 Ti 箔和非晶合金薄带相间叠加放置制成预制体,通过快速水淬法制备得到多层状 Ti 基非晶复合材料,具体制备工艺如图 3.6 所示。基于此方法,设计了结构可控的多层状非晶复合材料。该系列多层状非晶复合材料中 Ti 层与非晶基体的界面结合良好。

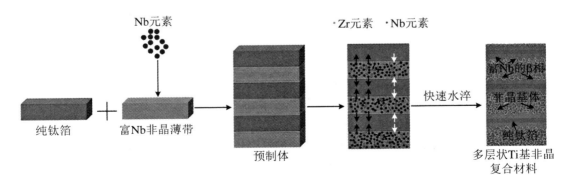

图 3.6　多层状非晶复合材料制备的工艺流程图

　　通过铸态微观组织结构表征,可以发现该方法制备的多层状非晶复合材料由 α 相、β 相和非晶相组成,另外界面(Ti 层与非晶基体)处的 Ti 层发生不同程度的溶解。通过调控 Nb 含量,发现随着 Nb 含量的增加,Ti 的溶解度增加导致 Ti 层逐渐变薄,这表明 Nb 元素的添加有助于促进 Ti 层的溶解,如图 3.7 所示。Ti 层发生大量的溶解会导致非晶合金熔体中的成分发生起伏。Ti 层大量溶解到非晶合金熔体中,会导致合金的非晶形成能力降低。为了保证非晶相的形成,合金熔体中的成分会进行重新分配,一些固溶体会以枝晶的形式从非晶合金熔体中析出,即生成内生 β 型枝晶相弥散分布于非晶基体中。Nb 元素的增加促进 Ti 层溶解,由于溶解量不同,导致 Ti 层与非晶基体的界面随着 Nb 含量的增加而变得不规则。而且随着 Nb 含量的增加,枝晶相的尺寸会逐渐变大。在 Ti 层溶解过程中,部分 Ti 合金从 Ti 层中脱落。然而,由于缺乏足够的扩散驱动力,这些 Ti 合金无法远距离迁移至非晶合金熔体的中心。因此,它们以枝晶相的形式在 Ti 层与非晶基体的界面处析出。这些界面处析出的枝晶相尺寸较大,且部分与 Ti 层相连。

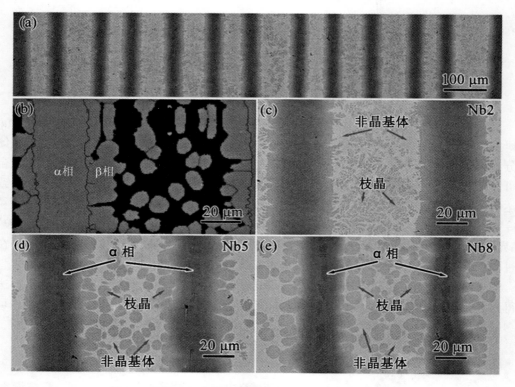

图 3.7　不同 Nb 含量的多层状非晶复合材料微观结构图

　　通过拉伸实验,表明随着 Nb 含量的增加,多层状非晶复合材料的屈服强度逐渐降低,抗压强度和塑性却逐渐增加。研究证实,多层状非晶复合材料屈服强度的降低与非晶相体积分数的降低密切相关。对比实验证实,当多层状非晶复合材料的 Nb 含量由 2% 提高至 8% 后,非晶相体积分数将由 43.3% 降低至 35.9%,其屈服强度发生明显下降。然而,这也间接地反映出多层状非晶复合材料中非晶相体积分数的减少有助于其塑性的显著提升。然而,多层状非晶复合材料的抗压强度并没有随着晶态相体积分数的增加而降低,与其他非晶复合材料的压缩力学性能与晶态相体积分数的关系相似。这种现象的原因与多层状非晶复合材料中晶态相良好的加工硬化能力有关,晶态相在变形过程中通过自身的加工硬化变形提高多层状非晶复合材料的抗压强度。

通过对多层状非晶复合材料的变形机制分析发现,其塑性变形能力的提升也主要来源于变形过程中晶体相对非晶剪切带扩展的抑制作用。非晶复合材料中的 β 相为亚稳相,其在变形过程中发生相转变生成 α″相,有利于提高复合材料的加工硬化能力。另外,随着 Nb 含量的增加,亚稳 β 相的体积分数增加,尺寸增大,这赋予了多层状非晶复合材料更加良好的拉伸塑性。在此基础上,研究人员将 β 相稳定性元素替换成原子百分比为 5% 的 Mo 元素,并设计了新型多层状非晶复合材料。该多层状非晶复合材料中的 Ti 层大量溶解,Ti 层与非晶基体之间的界面高度不规则,非晶基体中析出的 β 相尺寸较大。新型多层状非晶复合材料在室温拉伸条件下表现出 1221 MPa 的屈服强度、1408 MPa 的抗拉强度和 7.1% 的延伸率。高度异质化的结构钝化裂纹尖端,延缓裂纹开裂,从而使得复合材料获得了 109 $MPa \cdot m^{1/2}$ 的断裂韧性,如图 3.8 所示。

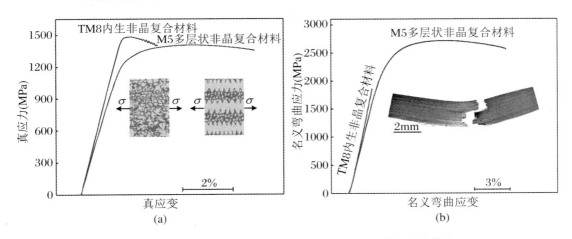

图 3.8　新型多层状非晶复合材料的拉伸曲线和三点弯曲的曲线

3.4　骨架增强非晶复合材料

3.4.1　骨架增强非晶复合材料的研究进展

骨架增强非晶复合材料的制备通常依赖于真空浸渗法,通过将非晶熔体在高温条件下浸渗到三维连通的晶态相骨架中,随后快速冷却以形成非晶复合材料。这类复合材料中的晶态增强相通常采用 W 骨架、SiC 骨架或 Ti 合金骨架。由于这些增强体具有连续性,它们能够有效约束非晶基体中的剪切带,从而提升材料的力学性能。Zhang 等人率先通过压力浸渗法成功制备了 W 骨架增强的 Zr 基非晶复合材料,该材料表现出约 3.4 GPa 的压缩强度和约 50% 的压缩塑性,其优异的力学性能显著超越了传统的外加型非晶复合材料。同样,Chen 等人通过类似的制备方法,开发了 SiC 骨架增强的 Zr 基非晶复合材料。此类材料不仅展现了高比强度,还表现出显著的加工硬化特征。研究表明,这种双连续结构既能有效阻碍非晶基体中的剪切带扩展,又能促进增强相内位错的增殖,从而进一步提升材料性能。Liu 等人则开发了一种新的制备技术,结合 3D 打印与热塑成型技术,制备了 TC4 骨架增强的 $Zr_{35}Ti_{30}Be_{26.75}Cu_{8.2}$ 非晶复合材料。该材料的断裂韧性高达 213 MPa·$m^{1/2}$,是其非晶基体的 2.3 倍。由于其独特的微观结构,这类复合材料能够有效阻止剪切带和裂纹的扩展,为非晶复合材料的设计与开发提供了非常有前景的方向。

3.4.2 骨架增强非晶复合材料的力学行为

Xue 等人通过研究 W 骨架增强的 Zr 基非晶复合材料的动态力学性能发现,经等静压挤压处理后,材料表现出更高的强度和加工硬化能力。此外,Sun 等人对 Ti 骨架增强的 Mg 基非晶复合材料进行了研究,结果表明该复合材料的压缩塑性应变可高达 30%,其压缩强度为单相 Mg 基非晶合金的两倍。Jang 等人则研究了多孔 Mo 增强的 Mg 基非晶复合材料,其同样展示了优异的力学性能。

Sun 等人通过压力浸渗成功制备了多孔钛骨架增强的 Mg 基非晶复合材料,该材料表现出优异的压缩塑性,压缩断裂应变达 31%,断裂强度为 1.75 GPa。对于两种不同类型的双连续相 Mg 基非晶复合材料,发现界面反应产物较多的材料具有较弱的塑性变形能力。复合材料的屈服强度和断裂强度主要受复合相之间的力学性能影响。在相同非晶基体的条件下,结合强度较高的多孔钛骨架可显著提高非晶复合材料的压缩强度。双连续相 Mg 基非晶复合材料的变形行为由非晶相中剪切带的扩展所控制。通过调整多孔钛骨架的孔隙率和孔径大小,可以精确设计复合材料的微观结构。研究表明,复合材料的屈服强度随多孔钛骨架孔隙度的增加而增加,而断裂强度和断裂应变则随孔隙度的减小而提高。进一步减小多孔钛骨架的孔径,可以显著提高复合材料的屈服强度、断裂强度和断裂应变,主要归因于 Mg 基非晶材料的尺寸效应。然而,在拉伸载荷下,双连续相 Mg 基非晶复合材料几乎不表现出拉伸塑性,其屈服强度也明显低于在压缩载荷下的屈服强度。三点弯曲试验显示,双连续相 Mg 基非晶复合材料在拉应力作用下,裂纹倾向于优先从非晶基体中萌生。尽管多孔钛骨架对张开型裂纹的扩展有一定的限制作用,但复合材料的抗裂纹扩展能力仍然较低。

Chen 等人同样利用压力浸渗法制备了不同体积分数的 SiC 骨架增强 Zr 基非晶复合材料。微观结构研究表明,这些复合材料中各组成相形成了三维连通的网络结构,且相分布均匀,界面结合紧密,无明显的宏观缺陷,如裂纹或孔洞(图 3.9)。界面分析进一步表明,SiC 相与非晶合金相之间存在 1~2 μm 的相互扩散层,界面反应层由 ZrC 和 TiC 的混合物组成,宽度约为 300 nm,且含有细小颗粒状的反应产物。在室温下对该系列复合材料进行准静态压缩实验,重点分析了 SiC 体积分数对材料力学性能及变形断裂行为的影响。结果显示,SiC 骨架增强 Zr 基非晶复合材料在压缩过程中表现为弹性变形,其断裂形式主要为剪切断裂,剪切断裂角约为 40°。断口分析显示,非晶合金相在断口上呈现细浅的"河流状"脉纹花样,而 SiC 相则主要表现为穿晶断裂后的解理台阶。进一步结合断口分析及压缩断裂前后的侧表面形貌观察,研究发现微观尺度上的不规则粗糙界面是该复合材料在受力变形过程中的薄弱环节。随着 SiC 体积分数从 51% 增加到 82%,复合材料的室温准静态压缩变形行为由弹性-塑性变形转变为线弹性变形,宏观断裂形式也由剪切断裂转变为轴向劈裂。根据 Mohr-Coulomb 准则分析了复合材料剪切断裂行为与轴向劈裂行为之间的竞争机制

（图 3.10）。断口分析进一步揭示,51% V_f 复合材料的断口形貌主要由非晶合金相的黏滞流动特征和 SiC 相的解理断裂特征组成,而 82% V_f 复合材料则以 SiC 相的解理断裂和两相界面分离特征为主。

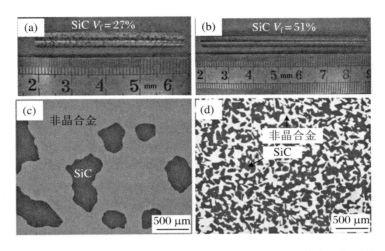

图 3.9　SiC 骨架增强 Zr 基非晶复合材料的外观形貌及铸态组织形貌

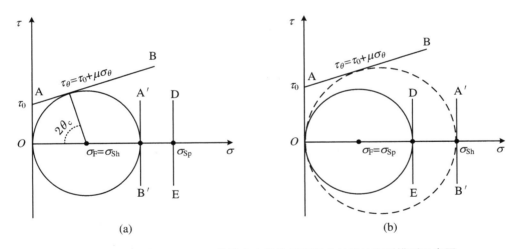

图 3.10　SiCs /ZrTiNiCuBe 非晶合金双连续相复合材料的断裂模型示意图

Chen 等人采用 Selsing 模型对两种不同体积分数的 SiC 骨架增强 Zr 基非晶复合材料内部的热残余应力场进行了分析。对于 51% V_f 复合材料,两相界面处于压应力状态,因此 SiC 相内部承受等静压应力场的作用,非晶合金相则处于径向为压应力($\sigma_R<0$)、切向为拉应力($\sigma_T>0$)的状态。在这种应力场分布下,非晶合金相中的剪切带被引向 SiC 相,且 SiC 相对非晶基体的约束作用导致了多重剪切带的萌生,有助于复合材料表现出宏观塑性。因此,51% V_f 复合材料的断口形貌主要表现为非晶合金相的黏滞流变特征和 SiC 相的解理断裂特征。相对的,82% V_f 复合材料的两相界面处于拉应力状态,非晶合金相内部承受等静拉应力场作用,而非晶合金相周围的 SiC 相则处于径向为拉应力($\sigma_R>0$)、切向为压应力($\sigma_T<0$)的状态。这种应力场使得 SiC 相中裂纹的扩展方向发生偏转,并沿两相界面传播。因此,82% V_f 复合材料的断口形貌主要呈现出 SiC 相的解理断裂特征以及两相界面分离后

的形貌。通过这种分析,Chen 等人基本揭示了不同体积分数下复合材料的应力分布如何影响其断裂行为和断口特征。

　　基于分离式霍普金森压杆(SHPB)装置对 $51\%\,V_f$ SiC 骨架增强 Zr 基非晶复合材料的动态力学性能测试,研究人员探讨了材料在不同应变率和试样尺寸下的力学表现。通过波形整形技术,试验加载应变率从 $500\ \text{s}^{-1}$ 到 $1700\ \text{s}^{-1}$,测试了两种长径比的 $\varnothing 5\ \text{mm}\times 5\ \text{mm}$ 和 $\varnothing 5\ \text{mm}\times 2.5\ \text{mm}$ 试样的动态响应行为。结果显示,$\varnothing 5\ \text{mm}\times 5\ \text{mm}$ 的试样表现出负的应变率敏感性,呈现典型的剪切断裂特征;而 $\varnothing 5\ \text{mm}\times 2.5\ \text{mm}$ 的试样则表现为正的应变率敏感性,断裂后形成了多个小体积碎块。同时,无论是何种试样,峰值应力随着应变率的升高而线性增加。断口分析揭示,在动态加载下,SiC 相的破碎程度比准静态加载时更严重,生成了更多的细小碎块;非晶合金相表现出更显著的黏滞流变特性,断口处出现了局部熔融后的流动现象,表明非晶相在高应变率下的变形更趋于局部化。此外,通过在不同温度下(173 K 至 573 K)的压缩实验,发现 $51\%\,V_f$ 复合材料的力学行为与温度密切相关。在低于室温的条件下,材料的变形主要受到非晶合金相中原子活动能力的影响,随着温度降低,材料强度升高。在高于室温的条件下,材料的变形伴随着非晶合金相的结构弛豫过程,材料的压缩强度随着试验温度的升高而增加。这表明非晶合金相的结构弛豫对复合材料的压缩变形起到了显著影响。

参 考 文 献

[1] Choi Yim H, Schroers J, Johnson W L. Microstructures and mechanical properties of tungsten wire/particle reinforced $Zr_{57} Nb_5 Al_{10} Cu_{15.4} Ni_{12.6}$ metallic glass matrix composites[J]. Applied Physics Letters, 2002, 80(11): 1906-1908.

[2] Conner R D, Choi Yim H, Johnson W L. Mechanical properties of $Zr_{57} Nb_5 Al_{10} Cu_{15.4} Ni_{12.6}$ metallic glass matrix particulate composites[J]. Journal of Materials Research, 1999, 14(8): 3292-3297.

[3] Choi Yim H, Conner R D, Szuecs F, et al. Processing, microstructure and properties of ductile metal particulate reinforced $Zr_{57} Nb_5 Al_{10} Cu_{15.4} Ni_{12.6}$ glass composites[J]. Acta Materialia, 2002, 50: 2737-2745.

[4] Cui X, Hu W, Lu X, et al. Laser additive manufacturing of laminated bulk metallic glass composite with desired strength-ductility combination[J]. Journal of Materials Science & Technology, 2023, 147: 68-76.

[5] Hu W, Yu Z, Lu Y, et al. Enhanced plasticity in laser additive manufactured Nb-reinforced bulk metallic glass composite[J]. Journal of Alloys and Compounds, 2022, 918: 165539.

[6] Conner R D, Dandliker R B, Johnson W L. Mechanical properties of tungsten and steel fiber reinforced $Zr_{41.25} Ti_{13.75} Cu_{12.5} Ni_{10} Be_{22.5}$ metallic glass matrix composites[J]. Acta Materialia, 1998, 46(17): 6089-6102.

[7] Zhang B, Fu H, Sha P, et al. Anisotropic compressive deformation behaviors of tungsten fiber reinforced Zr-based metallic glass composites[J]. Materials Science and Engineering A, 2013, 566: 16-21.

[8] Lin S, Ge S, Zhu Z, et al. Double toughening Ti-based bulk metallic glass composite with high toughness, strength and tensile ductility via phase engineering[J]. Applied Materials Today, 2021, 22: 100944.

[9] 沈观林,胡更开. 复合材料力学[M]. 北京:清华大学出版社,2006:188-243.

[10]　Choi Yim H, Busch R, Koster U, et al. Synthesis and characterization of particulate reinforced Zr_{57}-$Nb_5 Al_{10} Cu_{15.4} Ni_{12.6}$ bulk metallic glass composites[J]. Acta Materialia, 1999, 47:2455-2462.

[11]　Zhang H F, Li H, Wang A M, et al. Synthesis and characteristics of 80 vol.% tungsten (W) fibre/Zr based metallic glass composite[J]. Intermetallics, 2009, 17:1070-1077.

[12]　Lin S, Zhu Z, Ge S, et al. Designing new work-hardenable ductile Ti-based multilayered bulk metallic glass composites with ex-situ and in-situ hybrid strategy[J]. Journal of Materials Science & Technology, 2020, 50:128-138.

[13]　陈永力. SiC/Zr 基非晶合金双连续相复合材料的制备及其力学行为[D]. 沈阳:中国科学院金属研究所, 2012.

[14]　Lin S, Zhu Z, Liu Z, et al. A damage-tolerant Ti-rich multiphase metallic-glass composite with hierarchically heterogeneous architecture[J]. Composites Part B:Engineering, 2023, 263:110818.

[15]　Chen S, Fu H M, Li Z K, et al. Deformation behavior of Ta wire-reinforced Zr-based bulk metallic glass composites[J]. Journal of Iron and Steel Research International, 2018, 25(6):601-607.

[16]　Kim C P, Busch R, Masuhr A, et al. Processing of carbon-fiber-reinforced $Zr_{41.2} Ti_{13.8} Cu_{12.5} Ni_{10.0}$-$Be_{22.5}$ bulk metallic glass composites[J]. Applied Physics Letters, 2001, 79(10):1456-1458.

[17]　Wadhwa P, Heinrich J, Busch R. Processing of copper fiber-reinforced $Zr_{41.2} Ti_{13.8} Cu_{12.5} Ni_{10.0} Be_{22.5}$ bulk metallic glass composites[J]. Scripta Materialia, 2007, 56(1):73-76.

[18]　Kim Y, Shin S Y, Kim J S, et al. Dynamic deformation behavior of Zr-based amorphous alloy matrix composites reinforced with STS304 or Tantalum fibers[J]. Metallurgical and Materials Transactions A, 2012, 43(9):3023-3033.

[19]　Li Z, Zhang M, Li N, et al. Metal frame reinforced bulk metallic glass composites[J]. Materials Research Letters, 2019, 8(2):60-67.

[20]　Wang K, Fujita T, Pan D, et al. Interface structure and properties of a brass-reinforced $Ni_{59} Zr_{20} Ti_{16} Si_2 Sn_3$ bulk metallic glass composite[J]. Acta Materialia, 2008, 56(13):3077-3087.

[21]　Li Z K, Fu H M, Sha P F, et al. Atomic interaction mechanism for designing the interface of W/Zr-based bulk metallic glass composites[J]. Scientific Reports, 2015, 5(1):8967.

[22]　Ma G F, Li Z K, He C L, et al. Wetting behaviors and interfacial characteristics of TiZr-based bulk metallic glass/W substrate[J]. Journal of Alloys and Compounds, 2013, 549:254-259.

第 4 章　内生型非晶复合材料

内生型非晶复合材料是指在非晶基体中原位析出晶态相的一类复合材料,一般有两种途径:非晶合金晶化和凝固过程中原位析出。前者是通过适当的控制非晶合金的退火工艺条件来晶化析出晶态相,Lu 等人通过此方法获得了纳米晶结构。但 Heilmaier 等人采用该方法对 Zr 基非晶合金晶化后获得了更差的力学性能,这是因为退火会引起非晶合金的自由体积减少,因此这种方法获得的内生型非晶复合材料并不常用,而内生型非晶复合材料研究更多的是在凝固过程中通过控制合金成分和制备工艺来直接原位析出晶态相的方法。非晶合金体系都相继研制了这类内生型非晶复合材料,Qiao、Wu 和 Jiang 等人都分别总结了这类内生型非晶复合材料的研究现状。内生型非晶复合材料根据枝晶相的结构不同主要可以分为 B2 型非晶复合材料和 β 型非晶复合材料。根据枝晶相在外加应力下是否可以发生马氏体相变又主要可以分为两类:相变型和位错型非晶复合材料。B2 型非晶复合材料中枝晶相一般相对容易发生马氏体相变而表现出优异的力学性能,接下来讨论的 B2 型非晶复合材料主要是相变型非晶复合材料。β 型非晶复合材料一般难以发生马氏体相变,但在 TiZr 基非晶复合材料中通过调控成分和微观结构等方法也可以实现 β 型枝晶相发生形变诱发马氏体相变。

4.1　内生 B2 型非晶复合材料

4.1.1　内生 B2 型非晶复合材料的研究进展

B2 型非晶复合材料根据成分可以分成常见的四类:CuZr 基、ZrCo 基、Ti-Cu/Ni 基和 Mg 基。在这类非晶复合材料中 B2 相通常为亚稳奥氏体相,剪切模量比非晶基体低,因此在受力过程中 B2 相优先发生变形。这种亚稳晶态相可以通过冷却或变形从简单立方结构 B2 相($Pm\bar{3}m$)转变为 B19′ 相($P2_1/m$)、B19 相(Cmcm)、R 相(P3 或 $P\bar{3}1m$)或 B33 相(Cmcm)。正是因为亚稳 B2 相在外加载荷下可以发生形变诱发马氏体相变,因此 B2 型非晶复合材料通常具有良好的拉伸塑性和加工硬化能力,尤其是 B2-CuZr 基非晶复合材料。

2009 年,Pauly 等人在 $Cu_{47.5}Zr_{47.5}Al_5$ 型非晶内生复合材料中发现了压缩应力诱发的马氏体相变;2010 年,Liu 等人在 $Zr_{50.5}Cu_{27.45}Ni_{13.05}Al_9$ B$_2$ 型非晶内生复合材料中也发现了压缩应力诱发的马氏体相变。几乎同时,北京科技大学 Wu 等人也作出了开创性工作:在 B2 相均匀分布的 $Zr_{48}Cu_{47.5}Co_{0.5}Al_4$ 非晶复合材料中发现了高达 5% 的拉伸塑性,并出现加工硬化。优异的加工硬化能力和塑性起源于 B2 到 B19′ 的马氏体相变。Pauly 等人在单相非晶合金 $Cu_{47.5}Zr_{47.5}Al_5$ 中开展拉伸试验也作出了重要的发现:在拉伸应力作用下,单相非晶合金中会原位析出 B2 相导致出现拉伸塑性。Song 等人和 Liu 等人分别研究如何在多种合金系中获得 B2 型非晶内生复合材料以及控制 B2 相的分布形态,拓宽了 B2 型非晶复合材料的合金体系并调控了其微观组织。2012 年,Wu 等人研究了添加不同元素对 B2 相层错能的影响,降低层错能可以显著改善马氏体相变的能力,导致非晶复合材料具有优异的力学性能,如图 4.1(a)所示。Song 等人系统地研究了 36 种成分的合金中 B2-CuZr 相的形成机理并提出了一种预测不同尺寸 CuZr 基非晶复合材料的成分区间,这为开发新型亚稳 CuZr 基非晶复合材料提供了方向。此外,还研究了 B2 型非晶内生复合材料的变形机制,发现了"三屈服"现象:第一次屈服是由于 B2 相发生马氏体相变;第二次屈服是由于马氏体的体积增加和非晶基体中产生大量剪切带;第三次屈服是由于马氏体 B19′相中产生大量位错以及发生退孪晶。Wu 等人在 B2 型非晶内生复合材料中发现高达 2.7% 的超弹性。由于非晶基体部分已经发生永久塑性变形,基体不具有超弹性行为,并且也会导致部分马氏体相在卸载过程中不能完全转变回奥氏体相,所以非晶复合材料的超弹性低于单相 B2 合金。因此,具有马氏体相变的 B2 型非晶内生复合材料通常具有拉伸加工硬化现象,如图 4.1(b)所示。最近,Huang 等人对 $Cu_{62}Zr_{34.5}Al_3Nb_{0.5}$ 非晶复合材料的微观结构进行详细的表征,发现在非晶基体中嵌入不同大小的球形颗粒,较小的颗粒由 B2 相纳米晶组成,较大的颗粒则由密集堆积在一起的 B19′马氏体板条组成,其硬度比非晶基体要高。虽然 B2 型非晶复合材料中 B2 相在外加载荷作用下易发生马氏体相变,从而可大幅度提升其塑性和加工硬化能力,但在冷却过程中不稳定的 B2 相极易发生分解,且该复合材料的微观组织难以调控。Li 等人研究发现在 CuZr 基非晶内生复合材料中,亚稳 B2 相在液氮温度时仍然保持结构稳定,这是由于刚性非晶基体对其中 B2 相的约束作用导致的。实际上,非晶内生复合材料中由于非晶相的存在,B2 相或者 β 相都可以表现出有别于其多晶材料的一些特性。

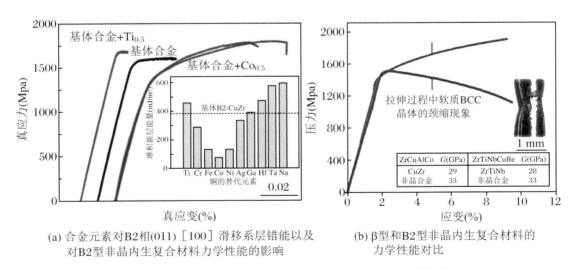

(a) 合金元素对B2相(011) [100] 滑移系层错能以及对B2型非晶内生复合材料力学性能的影响

(b) β型和B2型非晶内生复合材料的力学性能对比

图 4.1 合金元素对非晶内生复合材料力学性能的影响及力学性能对比

4.1.2 内生 B2 型非晶复合材料的微观组织特征

CuZr 基非晶复合材料制备过程中析出的亚稳晶态 B2-CuZr 相在应力作用下会发生向

马氏体结构的可逆相变,二者的结构示意图如图 4.2 所示。由于其相变前后均能明显阻碍剪切带的快速扩展,该体系材料均能表现出优异的塑性及加工硬化能力。然而在 CuZr 基非晶复合材料的制备过程中,同样由于 B2-CuZr 相的亚稳态的特点,在材料的制备过程中极其容易发生奥氏体 CuZr 相向马氏体结构的转变以及 B2-CuZr 相向 $Cu_{10}Zr_7$ 相和 $CuZr_2$ 相的分解。此外,目前对于液-固分相凝固过程的认识尚不深刻,由于 B2-CuZr 相与非晶基体之间成分的均匀性,在凝固的过程中通常会发生 B2 析出相的聚集长大,导致非晶基体中 B2 相的分布、形态和体积分数难以控制;同时,B2-CuZr 相形核后快速长大的特性使得合金中较高的 B2 相含量与均匀的组织分布貌似是不可兼得的,这意味着对 CuZr 基非晶复合材料塑性提升具有重要意义的相界面难以具有较高的含量,大大降低了非晶复合材料的室温塑性和力学性能,严重限制了其应用。

CuZr 基非晶复合材料液-固分相的组织结构主要受下列三种因素的影响:

(1) 合金成分

由于合金组成元素原子间复杂的相互作用,成分的微量变化都可能会引起材料黏度、稳定性以及固溶度的改变。由于 CuZr 基非晶复合材料内析出的 B2-CuZr 相成分具有很高的相似性,这些微量的改变均可能会引起析出相结构、形貌甚至种类的改变。自 B2 相增强的 CuZr 基非晶复合材料发现以来,大量的实验已经证实 CuZr 基合金内添加的 Al、Co、Sn、Ni、Ta、Si 等元素均会显著影响到内生晶态相的稳定性、形貌以及含量。此外,合金中 Cu、Zr 组元的原子比接近 1∶1 时,凝固后的组织更容易析出 CuZr 相,当二者的含量差异较大时,合金中便会析出 $Cu_{10}Zr_7$ 相或者 $CuZr_2$ 相。这表明 CuZr 基非晶复合材料内 Cu、Zr 组元的相对含量直接决定着原位析出的晶态相的种类。

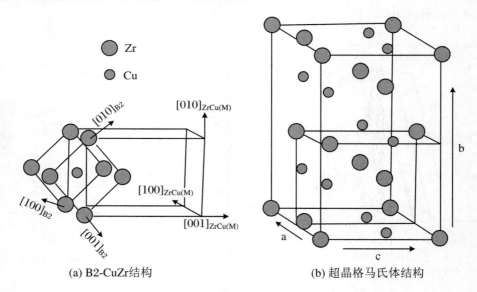

(a) B2-CuZr结构   (b) 超晶格马氏体结构

图 4.2   B2-CuZr 结构和超晶格马氏体结构示意图

二者晶格处的深色实线为基本马氏体结构

(2) 冷却速率

由于 CuZr 基非晶复合材料内析出的 B2-CuZr 相成分的相似性,冷却过程中 B2 相一旦形核便会迅速沿着各个方向冻结生长,这个过程中两个 B2 相一旦相撞便会发生 B2 相的聚合长大。当合金的冷却速率较低时,很容易导致 B2 相的结构恶化,为了保证 B2 相的均匀分布,适当的冷却速率是十分必要的。此外,根据图 4.3 所示的 ZrCu 基合金的等温转变曲线示意图可知,当合金的冷却速率高于其临界冷却速率时,试样结构表现为纯非晶态;随着冷却速率的微量降低,冷却过程中液相转化为 B2-CuZr 相,但是在后续温度降至马氏体转变开始温度时,B2-CuZr 相会发生向马氏体结构的转变;随着冷却速率的进一步降低,合金中原本析出的 B2-CuZr 相会分解为枝晶状的 $Cu_{10}Zr_7$ 和 $CuZr_2$ 相,这表明冷却速率同样决定着原位析出的晶态相的种类。

（3）铸造工艺

由于 CuZr 基非晶复合材料的凝固过程中生成的 B2-CuZr 相不会发生明显的成分偏析,因此凝固时流体的流动状态同样能够影响 B2-CuZr 相的形貌以及分布。Kuo 等人的研究发现,铸型的改变能够显著影响熔体的流动状态,流速的改变会显著影响原位析出的 B2-CuZr 相的分布;此外,通过更改铸型的腔体形貌,发现 B2-CuZr 相的形状受到腔体形貌的影响,不同形状的 B2-CuZr 相对材料力学性能的影响也是不同的。

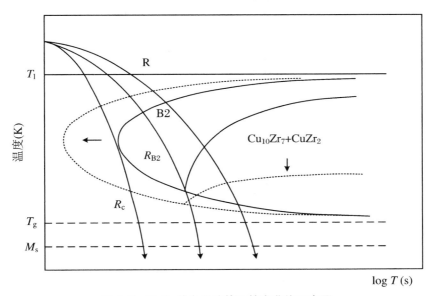

图 4.3　CuZr 基合金的等温转变曲线示意图

如何将 B2-CuZr 相保存至室温,制备得到 B2-CuZr 增强非晶复合材料制备是首先需要解决的一个关键问题。基于连续加热转变图,Song 等人提出了一个新的参数 $K(K = T_f/T_l)$ 来预测 CuZr 非晶符合材料的形成,其中 T_f 和 T_l 分别是加热过程中马氏体相变的最终温度及合金的液相线温度。该理论通过分析非晶基体的玻璃化转变、亚稳、B2-CuZr 相的析出和室温平衡相之间的竞争,将 CuZr 基非晶复合材料分为三组:非晶基体的玻璃形成能力较低,可制备得到尺寸较小的非晶复合材料或全结晶合金;K 值在 $0.7 \sim 0.94$ 范围,可制备出中等尺寸的非晶复合材料;K 值大于 0.94,可制备得到同时含有 B2-CuZr 相和马氏体板条的非晶复合材料。

4.1.3　内生 B2 型非晶复合材料的力学行为

研究证实,B2 型非晶复合材料的微观结构（如 B2 相的分布、体积分数、形状和尺寸）对其综合性能有十分显著的影响。例如,对于含大体积分数(如超过 50%)B2 晶体相的非晶复合材料,虽然其塑性得到显著增强,但是屈服强度会显著下降,接近完全结晶合金的强度。相比之下,对于含有极少量体积分数 B2 相(如少于 10%)的非晶复合材料,虽然其具有较高的强度,但在变形过程中塑性较差,经常发生与单相非晶合金相似的灾难性的断裂行为。B2 相非晶复合材料的力学性能与其剪切带的特征密切相关。B2 相的存在会影响剪切带的行为,包括剪切带的形核、扩展和成熟过程。剪切带在传播过程中无法穿透软且韧的 B2 相,因此剪切带的扩展将被阻止。同时,非晶基体与 B2 相之间的界面提供了一些潜在的成核位点,因此可以在变形过程中刺激多重次生的剪切带的生成。改变扩展方向的多重剪切带可能会与这些起始成核的主剪切带相交,因此可以形成相互影响的剪切带网络。

典型 B2 型非晶复合材料的变形过程(如单轴压缩变形)可以分为弹性变形阶段和塑性变形阶段,这一变形过程涉及非晶基体的变形,以及 B2 相的相变过程。当复合材料受到外加载荷时,非晶基体和 B2 相首先经历弹性变形,随着外加载荷超过 B2 相的弹性极限,B2 相便逐渐开始塑性变形,而此时非晶基体仍然处于其弹性阶段(B2 相和玻璃基体之间的弹性不匹配)。当施加的应力超过非晶基体的弹性极限时,非晶基体也开始发生塑性变形;当施加的应力超过宏观屈服应力后,复合材料整体进入塑性变形阶段。根据这些变形过程,典型的 B2 型非晶复合材料的压缩应力应变曲线可以分为四个阶段,如图 4.4 所示。第 I 阶段为整体弹性阶段;B2 相的起始屈服点(SYP-B2)到非晶基体的起始屈服点(SYP-M)被称为阶段 II;从 SYP-M 到复合材料的整体宏观屈服点是一个过渡阶段,被称为阶段 III;而在过渡阶段之后,随着外部应力的持续增加,真正的塑性变形开始,被定义为阶段 IV。

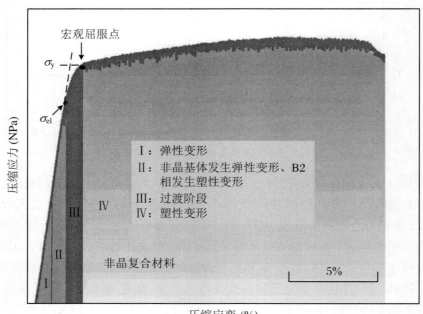

图 4.4　B2 型非晶复合材料压缩变形时应力-应变曲线的四个阶段

研究人员针对 B2 型非晶复合材料变形四个阶段的微观机理做了大量的工作。重点分析了四个阶段过程中的相变行为,其示意图如图 4.5 所示。在弹性变形阶段 I 中,B2 晶体和非晶基体随着施加载荷的增加发生弹性变形。从微观角度上看,在此过程中非晶基体发生原子重排,此时无相变发生。随着施加应力的增加,B2 相的塑性变形逐渐开始发生。随着应变和应力的增加,变形进入第二阶段,越来越多的 B2 相经历马氏体相变并转变为更稳定的 B19′相。尽管在这一阶段观察到了相变,但此时的相变量较少且相变程度较低。当施加应力超过马氏体相变的临界应力时,大体积分数的 B2 相开始经历马氏体相变转变为 B19′相,这对应于阶段Ⅲ的变形。在此阶段,剪切带开始在非晶基体上萌生和扩展,因此,非晶基体对 B2 相的约束减弱,越来越多的负荷和剪切应力转移到 B2 相。因此,B2 相的马氏体相变速率会明显加快,新转变的马氏体相与剩余的 B2 相共同承受额外的剪切应力。当施加的应力大于复合材料的宏观屈服应力(阶段Ⅳ)时,这一阶段发生剧烈的马氏体相变反应并且会形成马氏体孪晶。

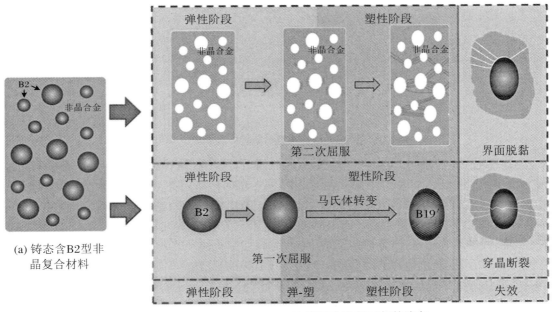

图 4.5　**B2 型非晶复合材料压缩变形各阶段(阶段Ⅰ至阶段Ⅳ)中 B2 相和玻璃基体的变形过程**

　　B2 型非晶复合材料变形时剪切带的传播机制与单相非晶合金有着明显的区别。脆性的非晶合金在单轴压缩载荷下通常在屈服之后发生灾难性的断裂。这些断裂的样品特征为高度局域化的主剪切带穿透样品。相比之下,B2 型非晶复合材料断裂后,可以在 B2 相和非晶基体之间的界面周围观测到多个次级和三级多重的剪切带。这些剪切带在 B2 相周围大量形核并相互作用(图 4.6),但其传播路径被 B2 相阻挡,无法穿透韧性的 B2 晶体相。多重剪切带可分为三种类型:第一类剪切带被认为起源于非晶基体内部,并远离 B2 相;第二类剪切带起源于 B2 相和非晶基体之间的界面;第三类剪切带的形成也与 B2 相密切相关。研究发现,第一类剪切带沿与载荷方向成 45°的倾斜方向传播,并且在遇到 B2 相时会发生传播方向的偏转。而大量细小的第二类剪切带的传播具有方向敏感性,主要沿转变的马氏体板条的方向传播,并且可能在距 B2 相和非晶基体界面不远处变得更细或者停止传播。相比之下,第三类剪切带沿垂直于载荷轴的固定方向传播。Wu 等人的研究表明,在单轴拉伸载荷下,B2 型非晶复合材料变形时产生的大多数剪切带是第二类和第三类剪切带。研究还证实,当第一类剪切带接近 B2 相时,可以发生偏转和改变传播方向,从而激发第二类和第三类剪切带的形成。

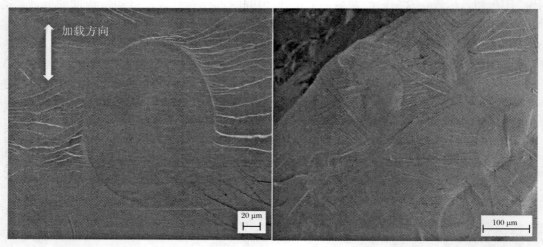

(a) B2相周围的多重剪切带形貌   (b) 局部断面形貌

图 4.6　B2 型非晶复合材料变形后的剪切带形貌图

第一类剪切带的形核主要发生在变形的 Ⅱ 阶段,而另外两种类型的剪切带形成则在过渡阶段(阶段 Ⅲ)开始。而在变形阶段 Ⅳ 中,剪切带的传播趋势与变形阶段 Ⅲ 中类似。研究证实,剪切带的成核和传播与 B2 相的结构特征密切相关。B2 晶体的形貌、尺寸和分布特征会影响剪切带的密度和数量。例如,对于给定体积分数的 B2 晶体相,当晶体相尺寸较小时会导致大量的非晶-晶体界面的形成,从而为剪切带提供了形核位点,促进更多多重剪切带的形成,从而提高复合材料的塑性。但是当 B2 相的尺寸减小至与剪切带的厚度相当时,第一类剪切带的传播无法被阻止,从而迅速发展成主剪切带,从而导致复合材料塑性变差。

屈服强度是评价非晶复合材料机械性能的重要参数。屈服的发生与非晶复合材料的微观结构特别是 B2 相的体积分数密切相关。B2 相与非晶基体共同决定了复合材料屈服强度的大小。在单相非晶合金中,屈服点出现在弹性变形结束时,这通常对应于 2% 的应变。随着非晶复合材料中 B2 相的引入,屈服强度会逐渐降低。研究证实,较低的屈服强度通常对应于较高的 B2 相体积分数。研究屈服行为与 B2 晶体相之间的关系对系统地理解非晶复合材料的结构与力学性能之间的关联性至关重要。在对 B2 型非晶复合材料的屈服事件进行理论探究时,可以假设晶相的分布、形状和尺寸处于理想状态,而将体积分数作为唯一可控的变量。为了定量评估屈服强度与 B2 相体积分数之间的关系,研究人员提出了三种模型来计算屈服强度,这三种模型分别是混合规则模型、承载模型和渗流模型。为了方便计算复合材料的整体屈服强度,通常假设 B2 相均匀分布在玻璃基体中。当复合材料中 B2 相的体积分数约为 30% 或更少时,可以通过混合规则模型计算其屈服强度,计算公式为

$$\sigma^c = v_\alpha \sigma^\alpha + v_\beta \sigma^\beta$$

其中,σ^c 为复合材料的屈服强度;v_α 和 v_β 分别代表 B2 相和非晶基体的体积分数;σ^α 和 σ^β 则为 B2 相和非晶基体的屈服强度。当复合材料中 B2 晶相的体积分数高于 50% 时,其屈服强度则可以根据承载模型来计算,根据承载模型的规定,屈服强度为

$$\sigma^c = \sigma^\alpha (1 + 0.5 v_\beta)$$

当 B2 相的体积分数在 30%～50% 范围时,屈服强度会随着 B2 相体积分数的增加而逐渐降低,此时理论计算方法处于混合规则到承载模型的过渡,这一阶段的屈服强度可以用渗流模型来计算。Pauly 等人计算了复合材料的屈服强度与 B2 相体积分数的关系,发现渗流的过渡通常与 B2 晶体相的临界体积分数相关,这一临界体积分数可以视为渗流阈值。对于 B2 型的非晶复合材料,渗流阈值通常在 10%～50% 范围,这取决于晶体的特征,如晶体相的形貌、大小和尺寸比。

　　B2 相的体积分数在影响非晶复合材料的塑性方面也起着至关重要的作用。例如,Pauly 等人证实了少量的 B2 相有助于提高非晶复合材料的压缩塑性;当 B2 相的体积分数范围提高至 6.7%～8.1% 范围时,随着晶相体积分数的增加,复合材料的塑性将会持续增加;进一步增加 B2 相的体积分数时,复合材料整体的机械性能将会下降。由此可以推断,B2 相的体积分数存在一个临界值。Pauly 等人证明,在对 B2 型非晶复合材料的塑性进行理论计算时,可以假设复合材料由三种相组成,并可以利用 Fan 和 Miodownik 开发的模型来计算其断裂应变,其公式为

$$\varepsilon_f^c = \nu_\alpha \varepsilon_f^a + \nu_\beta \varepsilon_f^\beta + K\nu_{\alpha\beta} \varepsilon_f^{\alpha\beta}$$

其中,ν_α、ν_β 和 $\nu_{\alpha\beta}$ 分别表示 α 相、β 相和 $\alpha + \beta$ 相的体积分数,而 ε_f^a、ε_f^β 和 $\varepsilon_f^{\alpha\beta}$ 分别表示复合材料中 α 相、β 相和均匀分布的 $\alpha + \beta$ 相的断裂应变。K 是一个无量纲常数,用于表征 α 和 β 对 $\alpha + \beta$ 相的约束效应。Pauly 的研究证明,在 B2 型非晶复合材料中,所有尺寸大于 $250~\mu m$ 的 B2 相可以视为 α 晶体,β 相为非晶基体相,而剩余的尺寸小于 $250~\mu m$ 的相则需要被归类为 $\alpha + \beta$ 相。

　　表 4.1 列出了部分常见的含有 B2-CuZr 相的非晶复合材料的合金成分、B2 相的体积分数、屈服强度、抗拉强度以及应变。从表 4.1 中可以看出 B2-CuZr 相的体积分数对复合材料的塑性有着决定性的影响。实际上,B2 相的其他特征,如 B2-CuZr 相的分布、形状和大小,以及金属玻璃复合材料的内部状态等,对复合材料的强度与塑性也有着巨大的影响。从表 4.1 可以明显看出,不同合金成分的 B2 型非晶复合材料的性能有着很大的区别。相较而言,Zr-Cu-Al-Co/Nb/Ta/Sn 体系的非晶复合材料表现出较好的塑性。而对其他体系的 B2 型非晶复合材料而言,尽管已在其内部也发现了大量 B2-CuZr 相的形成,但析出的 B2-CuZr 相分布不均匀且难以控制。

表 4.1　含有 B2-CuZr 相的非晶复合材料的合金成分、应变、屈服强度、抗压强度和 B2 相的体积分数

合金成分(原子百分比)	应变(%)	屈服强度(MPa)	抗压强度(MPa)	体积分数(%)
$Cu_{48}Zr_{47.7}Al_4Nb_{0.3}$	16.7	556	1232	34
$Cu_{48}Zr_{47.2}Al_4Nb_{0.8}$	7.8	1332	1595	10
$Cu_{44.3}Zr_{48}Al_4Nb_{3.7}$	7	1550	1810	28
$Cu_{47.5}Zr_{47.5}Al_5$	14.9	1246	1627	30
$Cu_{47.5}Zr_{47.5}Al_5$	11.3	550	1467	50
$Zr_{46}Cu_{46}Al_4$	10.8	1539	2060	35
$Cu_{47}Zr_{48}Al_4Ni_1$	11	1580	2091	—
$Cu_{46.25}Zr_{44.25}Al_{7.5}Er_2$	5.8	914	1645	25
$Zr_{48}Cu_{47.5}Co_{0.5}Al_4$	7	1280	1650	25

合金成分(原子百分比)	应变(%)	屈服强度(MPa)	抗压强度(MPa)	体积分数(%)
$Cu_{46}Zr_{46}Ag_8$	4.5	1629	1712	27
$Zr_{48}Cu_{47.5}Al_4Fe0._5$	6.2	1390	2050	–
$(Zr_{47}Cu_{44}Al_9)_{0.98}Nb_2$	13.2	1890	2397	–
$Cu_{44}Zr_{50}Al_{5.5}Nb_{0.5}$	18	1642	2850	–
$Zr_{49.5}Cu_{36.45}Ni_{4.05}Al_9Nb_1$	8	1512	2037	14
$(Cu_{47.5}Zr_{47.5}Al_5)_{0.97}Co_3$	8.2	1750	1950	20
$Cu_{45}Zr_{45}Al_5Ni_5$	6.8	1902	2078	–
$Cu_{47.5}Zr_{46.5}Al_5Sc_1$	9.3	1537	1820	14
$Cu_{46}Zr_{46}Ti_{3.2}Al_{4.8}$	12.3	1560	1950	–
$Cu_{45}Zr_{45}Al_7Y_3$	4.7	1580	1706	–
$Cu_{47}Zr_{47.1}Al_5Ta_{0.9}$	13.2	1332	1894	–
$Zr_{48.5}Cu_{46.5}Al_6$	7.7	1332	1894	–
$Zr_{48}Cu_{46.25}Al_4Ag_1Sn_{0.75}$	6.9	1100	1550	30

4.2　内生 β 型非晶复合材料

4.2.1　内生 β 型非晶复合材料的微观组织调控

内生 β 型非晶复合材料中的 β 相与 B2 相不同, β 相通常具有较高的稳定性, 其变形依赖于位错运动。β 型非晶复合材料的发展可以追溯到 2000 年。Hays 等人在 Vit.1 非晶合金的基础上, 通过调控 Nb 元素的含量, 制备出了在非晶基体上原位析出 β-Zr 枝晶相的 Zr 基非晶内生复合材料, 其塑性和韧性都比 Vit.1 非晶合金有较大的提高。Lee 等人通过对 β 型-Zr 基非晶复合材料的高温相和化学成分分析建立了伪二元相图, 并总结了 β 相的体积分数和形态的控制方法。Hofmann 等人采用半固态处理技术制备的 β 型-Zr 基非晶复合材料, 通过控制 β 相枝晶间距使该复合材料表现出优异的断裂韧性和拉伸塑性, 如图 4.7 所示。Qiao 等人改变合金成分控制非晶复合材料微观结构的传统思路, 独辟蹊径地采用 Bridgman 凝固法来控制 β 型非晶复合材料中枝晶的大小和体积分数, 建立了制备工艺与微观组织的线性关系。Oh 等人通过在 TiZr 基非晶复合材料中互换 Ta 和 Nb 元素, 控制了 β 相的稳定性, 使得低稳定性的 TiZr 基复合材料在外力作用下发生了马氏体相变。Tang 等人开发了大尺寸 $Ti_{45.7}Zr_{33}Ni_3Cu_{5.8}Be_{12.5}$ 非晶复合材料, 其非晶基体的玻璃形成能力超过 50 mm。Zhang 等人建立"负熵稳定模型"解释了这类 β 型非晶复合材料中过冷液相对 α-Ti 抑制的作用机制, 丰富了非晶复合材料的凝固理论。在此基础上, Zhang 等人开发了一系列大尺寸的 Ti-Zr-Cu-Co-Be 非晶复合材料, 通过研究其在不同冷速下的微观组织演化规律,建立了"两相准平衡"凝固理论,用于指导调控 Ti 基非晶复合材料的微观组织结构。

（1）基于两相准平衡理论调控 β 相的体积分数

本部分在 Ti-Zr-Cu-Co-Be 合金体系中调控 β-Ti 的体积分数,并利用两相准平衡理论系统地解释调控机理。100 g $Ti_{45.7}Zr_{33}Cu_{5.8}Co_3Be_{12.5}$（BT48）合金锭是两相准平衡 β 型非晶内生复合材料,其非晶基体和 β-Ti 成分为两相准平衡成分,分别为 $Ti_{32.02}Zr_{30.13}Cu_{9.01}Co_{4.84}Be_{24.00}$（BT0）和 $Ti_{60.58}Zr_{36.11}Cu_{2.30}Co_{1.01}$（BT100）。设计 β 相摩尔分数为 x 的复合材料 BTX（$X = 100x$）,BTX 的成分 $C(BTX)$ 由下式确定:

$$C(BTX) = (1 - x)C(BT0) + xC(BT100)$$

根据该公式设计的一系列 BTX 的具体成分,系列 BTX 合金的成分范围可以在二元伪相图中表示,如图 4.8 所示。随着 β 相摩尔分数 x 从 0 增加至 1,BTX 合金的成分逐渐从 BT0 增加至 BT100。为方便后续讨论,100 g BT48 合金锭在连续凝固过程中五个特征温度以及成分的变化仍然保留在图 4.8 中。

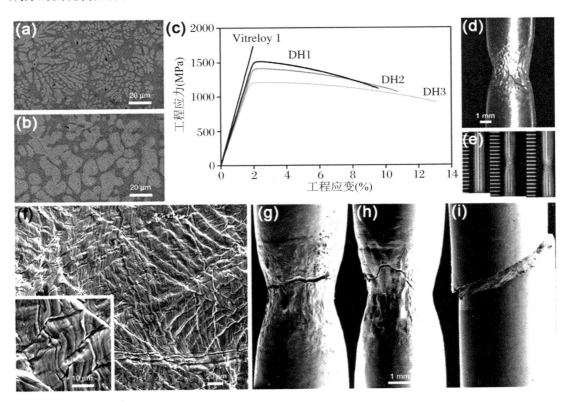

图 4.7　β 型-Zr 基非晶复合材料的铸态微观组织、拉伸性能和断后微观组织

在之前 Lee 等人和 Tang 等人的工作中,没有区分摩尔分数和体积分数,而直接用设计时的摩尔分数等同于实验测定的体积分数。为了更准确地阐述两相准平衡理论在设计非晶内生复合材料中 β 相体积分数中的原理,这里将设计的 β 相摩尔分数 x 转化为预期的体积分数 x'。假设 1 摩尔复合材料中 β 相的摩尔分数为 x,则非晶相和 β 相的体积分别为 $V_M = (1 - x)M_M/\rho_M$ 和 $V_\beta = xM_\beta/\rho_\beta$,其中 $M_\beta = 63.996$ g·mol^{-1} 以及 $M_M = 53.560$ g·mol^{-1} 是 BT100 和 BT0 的摩尔质量。ρ_β 和 ρ_M 是单晶 β-Ti 和非晶态 BT0 的密度。通过阿基米德法测定 $\rho_M = 5.471$ g·cm^{-3},通过 XRD 衍射数据可以计算 $\rho_\beta = 5.456$ g·cm^{-3},摩尔分数 x

和体积分数 x' 的关系为 $x' = V_\beta / (V_\beta + V_M)$。将具体数值代入可得

$$x' = \frac{x}{x + 0.834(1 - x)}$$

根据该公式计算 BTX 复合材料中预期的 β 相体积分数，并与实际测定的 β 相体积分数相比较。

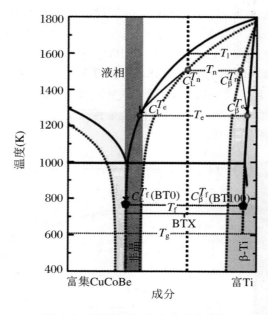

图 4.8　系列 BTX 合金的成分范围

通过铜模浇铸 10 mm 合金棒用于对比，发现 BT0、BT10 和 BT15 的 10 mm 圆棒都为单相非晶合金。从 BT20 开始，合金棒中开始出现 β 相，其{110}衍射峰强度随着 x 增加而变强，说明 β 相体积分数增多。对 BTX 合金的微观组织进行扫描电镜（SEM）观察，部分样品形貌如图 4.9 所示。BT15 合金 SEM 形貌[图 4.9（a）]无衬度，是典型的单相非晶合金形貌，这与其 XRD 结果一致。尽管 BT20 合金的 XRD 显示组织中含有 β 相，但其 SEM 形貌[图 4.9（b）]仍然如 BT15 合金一样，无衬度。通过透射电镜表征发现 BT15 为单相非晶合金组织，BT20 样品中出现直径约为 1 μm 的 β 相枝晶，这与它们的 XRD 结果一致。只有当 $x \geqslant 0.3$ 时，10 mm BTX 合金棒的 SEM 相貌中才具有明显的两相衬度，为典型的非晶复合材料组织。从 BT30 到 BT95，β 相逐渐从细小的枝晶状转变为粗大的颗粒状。即便是当设计的 β 相摩尔分数高达 95%时，BT95 合金仍然是 β 相和非晶基体两相组织[图 4.9（b）]。EDS 测定 BT30 至 BT95 合金中 β 相成分，考虑到 EDS 定量分析的不确定度，可以认为 β 相具有和 BT100 一致的成分。由于 BT20 中 β 相在 SEM 图像中无衬度，其 β 相体积分数通过其 XRD 衍射谱中{110}晶面的峰强估算 β 相的体积分数。对于铜模浇铸 10 mm 合金棒，只有当设计的摩尔分数为 $x \geqslant 30\%$ 时，实验测定的体积分数与设计的体积分数 x' 吻合；而当 $x < 30\%$，β 相体积分数明显低于设计值，甚至合金组织中不存在 β 相。BT0 合金的 100 g 甚至 150 g 合金锭均为单相非晶合金组织，然而 100 g BT15 合金锭的 XRD 谱显示为 β 型非晶复合材料两相组织，这与其 10 mm 合金圆棒的 XRD 不同。

（2）基于两相准平衡理论调控 β 相的结构稳定性

对于内生 B2 型非晶复合材料，B2 相可以发生应力诱发相变和孪晶，复合材料可以在较低的载荷下发生屈服，非晶基体在两相界面处产生大量的剪切带，并且 B2 晶态相可以阻止剪切带的迅速扩展，导致非晶复合材料具有较大拉伸塑性。特别的，相变后较小的马氏体板条或者孪晶片层可以有效地阻碍位错运动，导致 B2 相表现出明显的加工硬化能力，这种硬化可以弥补非晶基体的软化，使得复合材料出现加工硬化现象。B2 奥氏体相到 B19′马氏体相之间的可逆相变甚至会导致内生型非晶复合材料表现出超弹性。

对于 β 型非晶内生复合材料，通常由于 β 相中含有大量的 β 型稳定元素，应力和应变作用下，其结构太稳定不能发生马氏体相变，塑性变形机制为位错的增殖和运动，导致非晶复合材料表现出拉伸加工软化。2011 年，Oh 等人和 Kim 等人发现如果 β 相在应力作用下能够发生向马氏体 α′的相变，这样非晶内生复合材料便可以表现出与 B2 型非晶内生复合材料类似的拉伸加工硬化现象。加州理工学院 Johnson 和 Hofmann 等人研究添加强 β 相稳定元素 V 对非晶合金复合材料力学性能的影响，发现 V 含量较少时，β 相变形过程中诱发孪晶，导致 β 型非晶复合材料具有拉伸加工硬化的能力；当 V 含量较多时，β 相过于稳定，非晶复合材料表现出拉伸加工软化现象。

基于两相准平衡理论，对于准平衡 β 型非晶内生复合材料，在温度 T_c 和 T_f 之间，两相组元 i 的浓度满足以下公式：

$$C^i = xC_\beta^i + (1-x)C_L^i$$

其中，x 为 β 相的摩尔分数，C^i 为组元 i 在合金总成分的浓度，C_L^i 为组元 i 在液相的浓度，C_β^i 为组元 i 在 β 相的浓度，可以表示为

$$C_\beta^i = \frac{K}{1-x-Kx}C^i$$

$$K = \frac{\gamma_L^i}{\gamma_\beta^i}\exp\left(\frac{\mu_L^{i*} - \mu_\beta^{i*}}{RT}\right)$$

其中，μ_β^{i*} 和 μ_L^{i*} 是常数，分别表示组元 i 在标准状态下的化学势；γ_β^i 和 γ_L^i 是组元 i 在两相中的活度系数；R 是理想气体常数，T 是对应的温度。

如果适当地调整 β 型非晶内生复合材料的名义成分，组元 i 在两相中的活度系数以及 β 相分数 x 变化不大时，系数 $K/(1-x-Kx)$ 近似为常数，所以可以通过调整总成分中 β 相稳定元素的含量来调控 β 相中该元素的含量，从而调控其结构稳定性。β 相稳定元素通常也是过冷液相的稳定元素，太大幅度地调整这些组元的含量，必然会导致两相中组元的活度系数以及 β 相分数 x 的变化，所以这种方法可能会引起 β 相中其他元素浓度的变化，也可能导致 β 相体积分数的改变。

利用上述方法研究 $Ti_{49.2}Zr_{33.7}Cu_5Co_{2.5}Be_{9.6}$（BT60）合金中 Cu 含量对 β 相亚稳定性的影响。因为 BT60 中 Cu 含量的原子百分比为 5，所以这里标注为 BT60-Cu5。将其 Cu 含量的原子百分比降低至 2，并保持其他组元配比不变，成分为 $Ti_{50.8}Zr_{34.8}Cu_2Co_{2.6}Be_{9.9}$，标注为 BT60-Cu2。分别用铜模吸铸法制备 6 mm BT60-Cu5 和 BT60-Cu2 合金棒，其 XRD 结果表明 6 mm 合金棒均为 β 型非晶内生复合材料，其 SEM 微观形貌如图 4.9 所示。

两合金的扫描电镜微观形貌均在相同的背散射电子成像模式下获得，但是这两个合金中 β 相表现出不同的相对衬度：BT60-Cu2 中 β 相呈亮色，连续非晶基体呈暗色，如图 4.9(a) 所示；BT60-Cu5 中 β 相呈暗色，连续非晶基体呈亮色，如图 4.9(b) 所示。这说明这两个非

晶复合材料中两相的成分都发生了改变。通过图像软件分析可知,两个合金中 β 相的体积分数都约为 $(65\pm3)\%$,说明合金总成分中较小 Cu 含量的改变并没有明显改变 β 的体积分数。用 EDS 测定 BT60-Cu5 和 BT60-Cu2 合金中 β 相的成分分别为:$Ti_{60.7}Zr_{36.1}Cu_{2.3}Co_{0.9}$ 和 $Ti_{60.1}Zr_{37.7}Cu_{0.9}Co_{1.3}$,可见 BT60-Cu2 合金中 β 相的 Cu 含量确实降低了,虽然 Co 含量有稍微的升高,但这种升高不足以弥补 Cu 含量的降低。表明 β 相的结构稳定性确实降低了,这实际上也是两个合金具有不同衬度的原因。需要特别说明的是,当 BT60 合金中 Cu 含量从 5% 降低到 2% 时,β 相中 Cu 含量从 2.3% 降低至 0.9%,前后的比值都约为 2.5。以上的样品表征说明基于两相准平衡理论可以调控非晶复合材料中 β 相的结构稳定性。

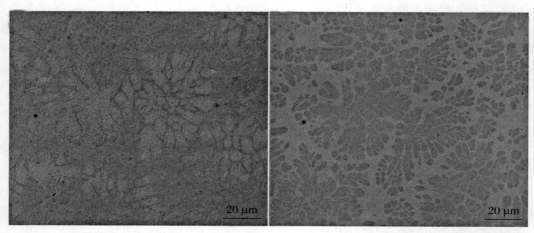

(a) BT60-Cu2吸铸6 mm合金棒的SEM微观形貌　　(b) BT60-Cu5吸铸6 mm合金棒的SEM微观形貌

图 4.9　SEM 微观形貌

4.2.2　内生 β 型非晶复合材料的准静态拉伸性能

Zhang 等人不仅系统调控了 Ti 基非晶复合材料的组织结构,还对新型内生亚稳 β-Ti 枝晶 Ti 基非晶复合材料在不同条件下的力学行为与微观机制展开了深入研究。通过改变 Ti-Zr-Cu-Be 体系中 Fe、Al 元素含量制备出了一系列具有体心立方结构的枝晶相增韧的,且枝晶 β-Ti 相稳定性可调节的非晶内生复合材料。研究发现降低非晶复合材料中 Fe 元素的含量,将使得合金中 β 相的稳定性降低,合金中的 β 相在变形过程中发生明显的 β 相→α'' 马氏体相变,从而制备出具有强加工硬化能力,较大拉伸塑性的合金。随着 Fe 含量的降低,拉伸塑性呈现先增大后减小的趋势,合金的屈服强度逐渐降低。提高非晶复合材料中 Al 元素的含量,将提高枝晶相中 Cu 元素的含量,使得合金中 β 相的稳定性得到提高,对合金 β 相中的 ω 相起到了一定程度的抑制作用。Al 元素添加将使其与其他金属形成类共价键,使得非晶相硬度增加。合金的屈服强度随着 β 相的稳定程度的提升不断提高,而合金的塑性先增大后减小。通过 Eshelby 理论将 Ti 基非晶内生复合材料的屈服强度与合金中 β 相的稳定程度和非晶基体相的强度建立了关联。以下将详细阐述亚稳型非晶复合材料强度与相稳定性的半定量关系推导过程。

首先采用复合材料中常用的混合定律表示复合材料整体屈服强度:

$$\sigma_y^C = V_\beta \sigma_y^\beta + (1 - V_\beta) \sigma_y^G \tag{4-1}$$

其中，σ_y^C 表示亚稳型非晶复合材料的屈服强度；σ_y^β 表示 β 相的屈服强度，同时也是诱发 β 相发生马氏体相变的临界应力值；σ_y^G 表示非晶基体相的屈服强度；V_β 表示 β 相的体积分数。

为了表示发生马氏体相变过程中 β 相的局部应力与应变，计算变形过程中所储存的应变能，我们将采用 Eshelby 提出的估算椭球体在弹性应力场中产生应变能的理论。

如图 4.10（a）所示，在没有外部应力的状态下，假设将非晶基体与 β 相分离各自作为独立的体系，将 β 相视为自由的椭球体。这时独立的 β 相可以自由地发生马氏体相变产生 α″ 相，此时产生的应变记为 $\varepsilon^{\beta\text{-uncons}}$。如果通过添加外在的约束使其恢复到原来的椭球状态，相应的应变可表示 $-\varepsilon^{\beta\text{-uncons}}$，外部约束所施加应力也可以进行表示：

$$\sigma_{ij}^{\text{rigid}} = -(\lambda \varepsilon^{\beta\text{-uncons}} \delta_{ij} + 2G\varepsilon_{ij}^{\beta\text{-uncons}}) \tag{4-2}$$

$$\lambda = K - 2G/3 \tag{4-3}$$

其中，$\sigma_{ij}^{\text{rigid}}$ 表示发生马氏体相变得 β 相恢复原始状态外部约束所需要施加的应力；$\varepsilon_{ij}^{\beta\text{-uncons}}$ 表示分离后独立的 β 相发生马氏体相变产生的应变；δ_{ij} 表示克罗内克符号；K 表示体积模量；G 表示剪切模量。

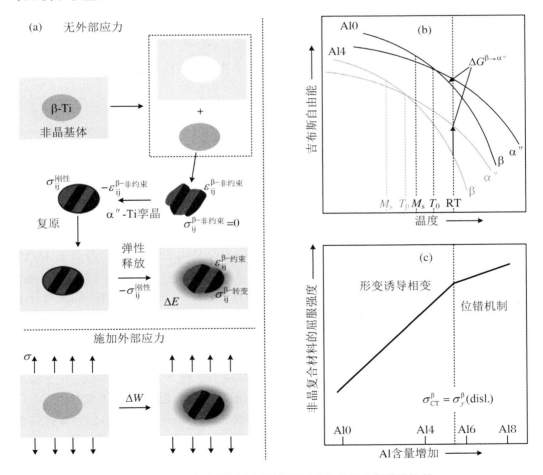

图 4.10　非晶复合材料在不同条件下的力学行为与微观机制

（a）非晶复合材料在相变过程中局部应力和应变能；（b）Al0 和 Al4 合金中吉布斯自由能示意图；（c）Al 添加对非晶复合材料的强化效应机制

将带有外部约束的 β 相放回原来的非晶基体中，撤去外部施加的约束，此时非晶基体与

β 相都将发生变形，而此时非晶基体对 β 相的约束应力可表示为

$$\sigma_{ij}^{\beta\text{-cons}} = \lambda \varepsilon^{\beta\text{-cons}} \delta_{ij} + 2G \varepsilon_{ij}^{\beta\text{-cons}} \tag{4-4}$$

其中，$\sigma_{ij}^{\beta\text{-cons}}$ 表示非晶基体对 β 相产生的应力；$\varepsilon_{ij}^{\beta\text{-cons}}$ 表示非晶基体对 β 相产生的应变。

通过上述的计算，我们可以准确的表示出在无外部应力的状态下 β 相发生转变的应力 $\sigma_{ij}^{\beta\text{-trans}}$：

$$\sigma_{ij}^{\beta\text{-trans}} = \sigma_{ij}^{\text{rigid}} + \sigma_{ij}^{\beta\text{-cons}} = \lambda(\varepsilon^{\beta\text{-cons}} - \varepsilon^{\beta\text{-uncons}})\delta_{ij} + 2G(\varepsilon_{ij}^{\beta\text{-cons}} - \varepsilon_{ij}^{\beta\text{-uncons}}) \tag{4-5}$$

从而求得在无外部应力的状态下 β 相发生转变所储存的应变能：

$$\Delta E = \frac{1}{2} V^{\beta} \sigma_{ij}^{\beta\text{-trans}} \varepsilon_{ij}^{\beta\text{-uncons}} \tag{4-6}$$

此时我们对非晶复合材料的体系整体施加外力，这时这部分外力施加所产生的应变能便可以轻易表示为

$$\Delta W = - V^{\beta} \sigma_{ij}^{\text{appl}} \varepsilon_{ij}^{\beta\text{-uncons}} \tag{4-7}$$

其中，V^{β} 为 $\beta\text{-}T_i$ 尺寸；$\sigma_{ij}^{\text{appl}}$ 表示外加应力。

根据马氏体相变热力学原理：

$$\Delta G = V^{\beta\text{-size}} \Delta G_V^{\beta \to \alpha''} + \Delta E + \Delta W \leqslant 0 \tag{4-8}$$

其中，ΔG 表示吉布斯自由能之差。

将式(4-6)、式(4-7)代入式(4-8)中，可以解出 β 相发生马氏体相变的临界应力

$$\sigma^{\beta} \geqslant \frac{\sigma_{ij}^{\text{rigid}} \varepsilon_{ij}^{\beta\text{-uncons}}}{2 \varepsilon_{11}^{\beta\text{-uncons}}} + \frac{1}{\varepsilon_{11}^{\beta\text{-uncons}} \overline{V}_m} \Delta G^{\beta \to \alpha''} = \sigma_{\text{CT}}^{\beta} \tag{4-9}$$

其中，$\sigma_{\text{CT}}^{\beta}$ 表示 β 相发生马氏体相变的临界应力；$\overline{V}_m$ 表示 β 相与 α'' 相的平均摩尔体积。

最终将式(4-9)代入式(4-1)中，经过整理便可以将亚稳型非晶复合材料的屈服强度表示为

$$\sigma_y^{\text{C}} = C_1 + C_2 \Delta G^{\beta \to \alpha''} + C_3 \sigma_y^{G} \tag{4-10}$$

其中，C_1、C_2、C_3 均为相关常数；σ_y^{C} 表示亚稳型非晶复合材料的屈服强度。

通过式(4-10)不难发现，亚稳型非晶复合材料的屈服强度将与 β 相的相稳定性与非晶基体的强度正相关。也就是说 β 相的相稳定性越高，非晶基体的强度越高，合金整体的屈服强度自然越高。

Zhang 等人研究了枝晶相具有不同稳定性的 Ti 基非晶内生复合材料在低温条件下的力学性能。选择之前制备出的枝晶相具有不同稳定性的 $\text{Ti}_{47.4}\text{Zr}_{34}\text{Cu}_6\text{Be}_{12.6}$（简称 Fe0）与 $\text{Ti}_{46.9}\text{Zr}_{33.7}\text{Cu}_{5.9}\text{Be}_{12.5}\text{Fe}_1$（简称 Fe1）合金作为研究对象，系统地研究了温度对 Fe0 和 Fe1 合金力学性能、变形行为与机制的影响。对于具有亚稳 $\beta\text{-Ti}$ 的 Fe0 合金而言，温度在 $143\sim298$ K 范围时，随着温度的降低合金的强度和塑性都得到了提升，合金在变形过程中枝晶相发生 β 相$\to\alpha''$相的马氏体相变而表现出极强的加工硬化能力。温度在 77 K 时，合金在变形过程中枝晶相的变形机制以位错的滑移机制为主，表现出明显的脆性断裂，但合金整体的强度得到大幅的提升。对于具有稳定程度较高枝晶相的 Fe1 合金而言，温度在 $173\sim298$ K 范围时，随着温度的降低，合金的强度得到了提升，合金的塑性变化不大；当温度降低至 77 K 时，合金在变形过程中形成大量的微裂纹，使得合金虽然具有较高的强度却没有塑性。观察 Fe1 合金在 173 K 拉伸断裂式样的微观组织，发现在枝晶相的应力集中的区域会发生应力诱发的 β 相$\to\omega$ 相的转变，这些 ω 相以条带的形式排布在枝晶相内部。

在上述研究基础上，进一步开展了 Ti-Zr-Cu-Be 非晶内生复合材料在小应变拉伸循环

加载-卸载条件下力学行为与变形机制的研究。研究发现在 1.9%拉伸应变的处循环 50 周次后合金的拉伸塑性得到了极大提升,随着循环继续增加,合金拉伸塑性逐渐降低。由于枝晶相发生可逆的 β 相→α″相的马氏体相变,合金在首次循环卸载后的恢复应变高达 1.82%。可逆相变作用使得循环后非晶基体的原子排布更为无序化,自由体积得到了增加,非晶基体发生结构恢复,从而使合金整体的塑性得到了提升。

4.2.3　内生 β 型非晶复合材料的韧性

非晶复合材料在制备的过程中内部必然存在许多缺陷,这些缺陷在外加载荷作用下会转变为微观裂纹并不断扩展,极易发生灾难性断裂,因此深入了解非晶复合材料的断裂行为,并设计出能够抵抗断裂/破坏的微观结构的非晶复合材料是非常重要的。Flores 等人在对 Zr 基非晶复合材料的Ⅰ型断裂韧性测试中发现,该非晶复合材料的断裂韧性比相对应的单相非晶合金具有更大的抗断裂能力,这是由于韧性晶态相在断裂过程中不仅阻碍了剪切带的扩展,还会吸引剪切带远离裂纹而延缓裂纹的扩展,且晶态相越粗大其作用越明显。Launey 等人对枝晶体积分数分别为 42% 和 67% 的 Zr 基非晶复合材料进行了Ⅰ型断裂韧性测试,并绘制了阻力曲线,如图 4.11 所示。随着裂纹长度的增加,这两种 Zr 基非晶材料的断裂阻力不断增加,但低体积分数的 Zr 基非晶复合材料的断裂韧性(97 MPa·m$^{1/2}$)要远低于高体积分数的 Zr 基非晶复合材料(157 MPa·m$^{1/2}$)。高体积分数的 Zr 基非晶复合材料的断裂韧性之所以更高,是由于枝晶间距更小而能更好限制剪切带的扩展并诱发多重剪切带,在裂纹尖端发生大量的塑性变形从而减缓裂纹扩展。Ramamurty 等人对三种内生型非晶复合材料进行了Ⅰ型和Ⅱ型断裂韧性测试,对比研究发现Ⅰ型模式下的断裂韧性更高且裂纹不会发生明显的稳定扩展。两种模式下枝晶与剪切带都存在相互作用,但非晶复合材料的断裂机制却和单相非晶合金相同,因此非晶基体的固有韧性对其非晶复合材料的贡献也是较大的。Zhang 等人发现在非晶复合材料中较粗的枝晶相会诱发裂纹,发生弯曲扩展和裂纹桥接现象,从而导致裂纹尖端钝化而获得高韧性。

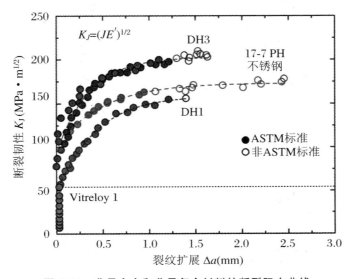

图 4.11　非晶合金和非晶复合材料的断裂阻力曲线

内生型非晶复合材料在准静态下的变形行为已经得到了广泛的研究,但其在高速率载荷下的变形行为研究却相对较少。Lee 等人首次报道了 Zr 基非晶复合材料在动态压缩下的力学性行为,研究发现虽然该非晶复合材料的动态压缩强度比准静态时略有增加,但其塑性却严重恶化。Qiao 等人对 Ti 基和 Zr 基非晶复合材料进行了系统研究,发现非晶复合材料在高应变速率下会呈现出流变行为特征,并且枝晶尺寸和体积分数越大越容易发生明显的位错运动从而表现出加工硬化现象。Wu 等人首次报道了 B2-CuZr 基非晶复合材料在动态加载下具有 15% 动态压缩塑性和两次加工硬化现象,这源于形变诱发的马氏体相变既增加了动态塑性变形的均匀化,也补偿了非晶基体的加工软化。Li 等人通过对 La 基非晶复合材料进行冲击测试发现,晶态相的体积分数对其冲击韧性影响较大,当晶态相的体积分数达到 53% 左右时,其冲击韧性可高达 31.1 kJ·m^{-2}。Hofmann 等人研究了一系列 Zr 基和 Ti 基非晶复合材料的夏比冲击韧性,发现非晶复合材料的冲击韧性严重依赖于制备工艺和枝晶形貌,不同制备条件下的非晶复合材料的冲击韧性差别可高达 30 倍。因此,通过改善制备工艺可以使非晶复合材料的冲击韧性超过传统的晶态金属材料。

最近,Zhang 等人系统研究了大尺寸 Ti 基非晶内生亚稳 β-Ti 复合材料在不同温度下 U-型试样的冲击吸收功和冲击韧性,并开展了非晶内生复合材料中 β-Ti 枝晶的稳定性、摩尔分数和尺寸对冲击韧性影响的研究。首先通过制备两种不同稳定性的非晶内生复合材料 NT-55 和 MT-55,对它们的铸态和断后微观组织进行表征,发现 MT-55 中的 β-Ti 发生了形变诱发马氏体相变,而 NT-55 中的 β-Ti 具有更高的稳定性从而以位错滑移方式塑性变形。如图 4.12 所示,随着温度的降低,NT-55 的冲击韧性急剧降低,表现出明显的低温脆性。相比之下,随着温度的降低,MT-55 的冲击韧性会先增加然后缓慢下降。

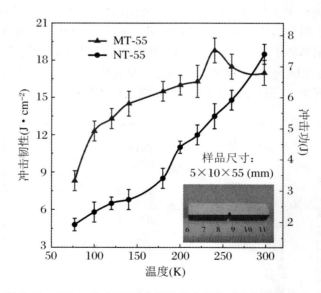

图 4.12　NT-55 和 MT-55 在不同温度下的冲击韧性和冲击功

基于以上结果,制备了不同摩尔分数的 MT-X 相变型非晶复合材料,其成分为 $Ti_{31.1+30.4x}Zr_{31+5.1x}Cu_{10-7.6x}Be_{27.9-27.9x}$。如图 4.13 所示,随着摩尔分数的增加,在 298 K 和 77 K 下,MT-X 非晶复合材料的冲击韧性值会先增加而后降低。具有较高摩尔分数的 MT-70 在 298 K 和 77 K 下都具有最大的冲击韧性,如图 4.13 所示,无论在 298 K 还是 77 K

下，MT-70 的冲击韧性都会随着冷速的降低而增大。

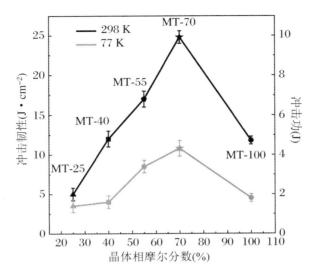

图 4.13　MT-X 非晶复合材料的冲击韧性和冲击功随摩尔分数的变化

因此，通过系统地参数化研究，发现相变型非晶复合材料比位错型非晶复合材料有更高的抵抗低温脆化能力。这两种不同稳定性的非晶复合材料的冲击韧性变化的差异归因于可相变的 β-Ti 枝晶在较宽的温度范围内仍可以相变增韧。通过调整 β-Ti 的摩尔分数，发现稍高摩尔分数的非晶复合材料在 298 K 和 77 K 都具有更高的冲击韧性，这是因为增大摩尔分数会提高 β-Ti 的体积分数和尺寸，有利于形变诱发马氏体相变，提高其塑性变形能力。研究冷却速率对冲击韧性的影响，发现由于大尺寸的 β-Ti 的增韧作用克服了松弛脆性，使得低冷速下的非晶复合材料具有更高的冲击韧性。因此，调控 β-Ti 的微观结构可以显著提高非晶复合材料的冲击韧性，这些发现对于非晶复合材料冲击韧性的开发与应用提供了重要的理论指导。

4.3　内生型非晶复合材料的韧塑化机理

在晶态金属材料领域，形变诱发马氏体相变塑韧化效应已经被广泛采用，例如应用于钢铁、钛合金和陶瓷材料等，通过该效应显著增强了这些材料的塑性、加工硬化能力和韧性。基于此思路，科研人员也开发了一系列相变型非晶复合材料，这些非晶复合材料不仅克服了非晶合金及其复合材料的室温脆性和应变软化的缺陷，还表现出在不同温度下都优异的综合力学性能。Wu 等人优先以 CuZr 基合金体系为研究对象进行了早期相变型非晶复合材料的探索，通过分析析出相的热力学和动力学过程，建立了相变型非晶复合材料设计准则。Zhang 等人基于两相准平衡凝固原理开发了微观组织易调控的相变型 Ti 基非晶复合材料。

相变型非晶复合材料主要通过枝晶相在外加应力作用下发生马氏体相变来增塑和增韧，其作用机制首先是来自枝晶相对剪切带的阻碍效应。这种阻碍效应是所有非晶复合材料在变形过程中都存在的，主要利用了这种非均匀结构中枝晶相作为一个韧性相可以有效阻滞剪切带的快速扩展,同时诱发多重剪切带萌生,增加剪切带密度的同时也会偏转剪切带的扩展方向,延缓剪切带向裂纹演化的过程。同时,枝晶相的塑性变形行为还会促进更多的细小剪切带的生成,增大剪切带的密度,将非晶合金高度局域化的塑性变形转变为多重剪切带生成和扩展的均匀塑性变形,从而提高非晶复合材料的塑性和韧性。

相变型非晶复合材料中的枝晶相可以发生马氏体相变,这是其他非晶复合材料所不具备的,正是由于相变的贡献才使得塑韧性得到了更大提升。在相变型非晶复合材料中,枝晶相的强度低于非晶基体,因此枝晶相会在低应力下优先发生马氏体相变。随着应力增加,非晶基体会被诱发剪切带,而由于剪切带的形成会软化非晶基体,如果是位错型非晶复合材料则会表现出宏观软化行为。但相变型非晶复合材料中枝晶相因发生马氏体相变而转变成高弹性模量和高强度的马氏体相,从而增加变形抗力,这样非晶复合材料整体表现出明显的加工硬化现象。同时,塑性变形会转移到较软区域,从而阻止了应变局域化,避免了裂纹过早萌生。一般马氏体相变的同时也会发生孪晶化,这样可以降低相界面处的应力集中并诱发动态霍尔佩奇效应,进一步抑制了裂纹在界面处的生成,从而极大提高了非晶复合材料的综合力学性能。

相变的塑韧化机制还涉及枝晶相的微观结构与相变能力、马氏体相内位错运动与孪晶形成、马氏体相与母相之间的协调作用和马氏体相与剪切带的交互作用等多因素的协同与耦合效应,这些都影响相变的塑韧化程度和非晶复合材料的力学性能。Wu 等人利用原位中子衍射和分子动力学模拟,深入研究了 CuZr 基非晶复合材料在不同晶体含量下的变形机理。他们观察到,不同取向的晶体表现出明显的各向异性,并发现非晶基体的模量介于不同取向的枝晶和马氏体子相之间。在变形过程中,非晶基体受到周围具有不同取向和弹性常数的晶粒的约束,能够实现有效的协同变形。通过与单晶 B2-CuZr 相的相变特性对比,他们发现,相变型非晶复合材料中的马氏体相变表现出限制性马氏体相变的特点。尽管不同取向的晶粒表现出显著的各向异性,但不同试样中马氏体相变的临界晶格应变相同,表明这类复合材料的相变受到应变控制。随着晶体相体积的减少,枝晶颗粒减少,从而相变受到的约束增加,需要更高的表观应力达到马氏体相变的临界应变。在传统的相变型金属材料中,如可发生马氏体相变的钢材,应变诱导的马氏体相变通常发生在大量塑性变形之后,因为这些变形产生了大量的缺陷作为马氏体相变的形核中心。然而,在相变型非晶复合材料中,应变控制的马氏体相变在宏观屈服之后就开始出现,这是因为复合材料的非晶-晶体界面上非晶和晶体相的结构差异很大,界面上的原子在相变初期就提供了大量的马氏体形核中心。总体来看,马氏体相变在枝晶相和非晶相界面处发生,枝晶相的取向和大小对相变的影响显著。随后,进一步研究发现马氏体相变过程中在马氏体相与母相界面处产生微裂纹而有助于释放应力集中。另外,相变诱导塑性效应、微裂纹增塑效应和微裂纹偏转效应等耦合作用机制会显著提高非晶复合材料整体的塑性变形能力。

Liu 等人通过对 CuZr 基非晶复合材料中枝晶相的微观结构与力学性能关系的研究,发现枝晶相的大小与间距的匹配对非晶复合材料的综合力学性能有很大影响。研究发现,由于晶相和非晶基体之间屈服强度的巨大差异,枝晶相在施加负载下倾向于在非晶基体之前屈服并发生塑性变形,这导致两相之间局部塑性应变明显不匹配,从而在它们的界面附近产生显著的应力集中。而应力集中最大的区域常常在垂直于加载轴的方向上靠近界面处产生,这种应力集中和应力不均匀分布的直接影响主要有两方面:一是促进非晶集体与枝晶相界面处剪切带的启动,并将剪切带的传播限制在相邻枝晶之间的区域;二是枝晶相之间会形成显著的应力梯度,这种应力梯度分布会显著阻碍剪切带的传播。这种对剪切带的影响使非晶复合材料的拉伸塑性与单相非晶合金相比得到明显的提高。后续的研究还发现,枝晶相的大小与间距的匹配的改变会显著影响非晶复合材料的局部应力分布与应力集中现象。当枝晶相的大小与间距的比例变大时,晶相与非晶基体之间的局部应变不匹配会被扩大,因此导致界面附近应力集中加剧。这有助于更高程度地促进剪切带的启动,甚至可以促进剪切带在更低的全局应力下萌生和扩展。与此同时,由于全局应力水平降低和沿着其路径的应力梯度增加,剪切带的扩展可以更有效地受到阻碍,从而使非晶复合材料的拉伸塑性得到明显的增强。

相变型非晶复合材料的塑韧化机制还与马氏体相变造成的弹性背应力和弹性不匹配的耦合效果有关。Sun 等人对内生 B2 相的 CuZr 非晶复合材料的研究发现,变形后的复合材料中具有不同形态特征的三种剪切带,如图 4.14 所示。Ⅰ 型剪切带相对于加载方向呈 45°取向,它的形成与外部应力场密切相关有关;而 Ⅱ 型和 Ⅲ 型剪切带似乎从非晶与晶体的界面处萌生,且具有不同的传播方向,基于经典的 Eshelby 理论研究表明,Ⅱ 型剪切带是由 B2 相的马氏体相变引起的应力场波动而引起的;而 Ⅲ 型剪切带则是由马氏体相变后引起的弹性不匹配应力场产生的。在马氏体相变期间的背应力效应和之后的弹性不匹配效应共同作用,增加了相变型非晶复合材料变形过程中的弹性能量储存,Sun 等人认为这是相变型非晶复合材料加工硬化现象的重要原因。

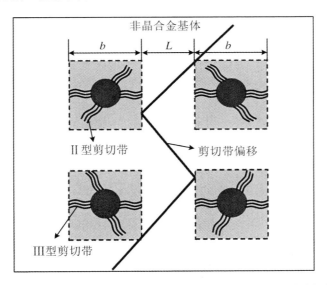

图 4.14　内生 B2 相的 CuZr 非晶复合材料变形过程中三种剪切带

相变型非晶复合材料的塑韧化机制还与其变形时独特的剪切带传播机制有关。Zhang等人基于两相准平衡凝固原理制备了位错型和相变型 Ti 基非晶复合材料,并通过拉伸测试和微观结构表征实验对比研究了两种非晶复合材料的变形机理。拉伸测试发现与位错型非晶复合材料相比,相变型非晶复合材料表现出更大的拉伸延展性和优异的应变硬化能力,造成这种性能差异的根本原因是晶体相的变形特征显著影响了剪切带的传播机制。

对于晶体材料来说,位错和相变都能承载变形应变,但两者的"尺寸"差别很大。位错是线性缺陷,虽然弹性影响区可以延伸很远,但位错的核心尺寸通常小于 0.5 nm。而对于由变形引起的马氏体相变,马氏体板块的厚度范围从数百纳米到数十微米甚至毫米,其厚度比位错大几个数量级。由于位错核的尺寸小于成熟剪切带的厚度(约 10 nm),位错型非晶复合材料变形过程中剪切带所携带的应变可以通过位错滑移迅速传播,剪切带会迅速熟化,最终导致狭窄而成熟的高度局部化剪切带的生成,如图 4.15 所示。

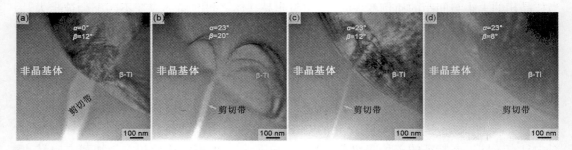

图 4.15 位错型非晶复合材料中剪切带传播时保持狭窄

与之相对的,由于马氏体板的尺寸远大于剪切带的正常厚度,相变型非晶复合材料变形过程中剪切携带的应变无法顺利传播,剪切带不再熟化。并且由于晶体和非晶基体之间应变传递的连续性,剪切带的厚度随着厚马氏体板条的生长而逐渐增加,如图 4.16 所示。此外,由于剪切带形成是一个能量消耗的过程,窄而成熟的剪切带总是在能量上占优势,因此,相变型非晶复合材料的宽剪切带在非晶基体中传播时往往会发生分叉。这种"剪切带钝化"机制是使相变型非晶复合材料具有大的拉伸塑性和好的加工硬化能力的根本原因。

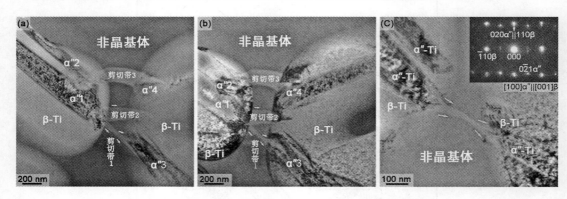

图 4.16 相变型非晶复合材料中剪切带传播时逐渐宽化

Zhang 等人进一步利用分子动力学模拟了非晶复合材料中剪切带与两种不同晶体的动态交互作用。与实验结果相似,当晶体以位错滑移变形时,剪切带狭窄并发生熟化,剪切应变不稳定呈现爆发行为;而当晶体发生马氏体相变时,非晶剪切带不再熟化,其厚度不断随马氏体尺寸增加,并且剪切应变非常稳定。形状记忆非晶复合材料中非晶剪切带不再熟化、厚度宽化、分叉导致剪切带钝化效应。这种新发现的"剪切带钝化"机制不仅阐明了相变型非晶复合材料的强塑性机理,还为高性能非晶复合材料的开发开辟了新的路径。

相变型非晶复合材料在低温下变形时仍然具有良好的综合力学性能。这种低温下塑韧的机理与其在低温下的相变行为密切相关。相变型非晶复合材料在变形温度由室温降低至 143 K,其抗拉强度和拉伸塑性都有提高,而在温度继续降低至 77 K 时,其强度虽能进一步提高,但其拉伸塑形会明显降低,如图 4.17(a)所示。而与之相对的是,位错型非晶复合材料在温度降低时,拉伸强度会逐步提高,但是其拉伸塑性会显著下降,如图 4.17(b)所示。

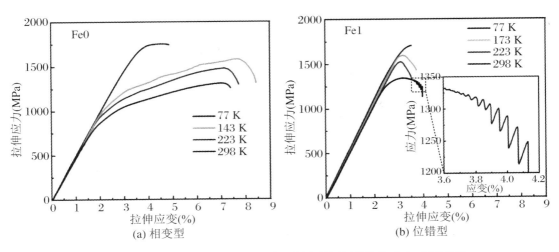

图 4.17　相变型与位错型非晶复合材料在低温下的拉伸应力-应变曲线

　　研究证明,造成这两种非晶复合材料低温力学性能具有显著差异的原因来自于变形机理的差异。对于位错型的非晶复合材料,晶体相的变形方式为位错的生成与滑移,随着温度降低,非晶基体对晶体相的约束能力逐渐增强,晶体相的塑性变形能力逐渐变差,因此非晶复合材料的强度逐渐升高,塑性会显著下降。而对于相变型非晶复合材料,晶体相的变形方式为形变诱发的马氏体相变。马氏体相变所需的临界能量是由相变前后两相自由能的差值与克服非晶基体所做的功共同决定的,如图 4.18 所示。非晶复合材料的屈服强度取决于两种竞争关系,随着温度降低,非晶基体的约束能力更强,从而导致更高强度。而非晶基体的剪切软化会降低其约束作用,从而导致剪切带形成后会促进更多的马氏体相变发生。随着温度降低,非晶相强度增加,但屈服后剪切带导致其迅速软化,非晶基体约束作用减弱,ΔG 占主导作用,从而形状记忆相更容易发生马氏体相变而具有更大的拉伸塑性。

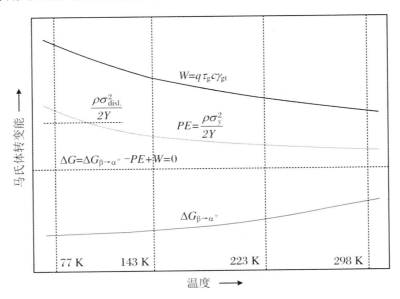

图 4.18　受非晶基体限制的形状记忆 β-Ti 晶体的形变诱发马氏体相变的能量条件

通过上述内容可以看出,针对非晶复合材料尤其是相变型非晶复合材料塑韧化机理已经开展了大量的工作。根据这些研究成果,目前已经开发出一系列性能优异的非晶复合材料,尤其是强塑性兼备的形变诱发马氏体相变的非晶复合材料,非晶合金室温脆性和应变软化的问题已经在一定程度上得到了解决。然而,关于相变型非晶复合材料的塑韧性仍然有很多亟待解决的关键问题。

① 非晶相与晶体相的协同变形微观机理尚不十分清晰。虽然目前关于非晶合金的协同变形行为已经做了大量的研究,也得到了一些具有启发性的结论,但导致相变型非晶复合材料具有优秀力学性能的微观机制,尤其是原子级别的协同变形过程中两相的相互作用的机理仍未得到详细的揭示。原子级别上,相变过程如何诱导剪切带的萌生、粗化、分叉等行为仍然不明确,需要进一步从微观尺度深入探究。

② 形变诱发马氏体相变的塑韧性机制的应用不足。目前,相变型非晶复合材料主要集中在CuZr基和少数Ti基合金体系中,而其他非晶合金体系尤其是对于强度更高、成本更低的Fe基非晶合金体系的相关研究和报告较少。倘若将形变诱发马氏体相变的塑韧化机制引入Fe基非晶合金体系中,有望大幅度提高此类非晶合金体系的综合力学性能,从而开发出性能更加优越、应用范围更广的非晶复合材料。因此,通过合理调节非晶形成能力,并选择性地析出亚稳晶体相,形变诱发马氏体相变的塑韧性机制对多种Fe基非晶合金体系进行性能优化,具有重要的研究和应用价值。

参 考 文 献

[1] Wu Y,Wang H,Wu H H,et al. Formation of Cu-Zr-Al bulk metallic glass composites with improved tensile properties[J]. Acta Materialia,2011,59(8):2928-2936.

[2] Song K K,Pauly S,Zhang Y,et al. Strategy for pinpointing the formation of B2 CuZr in metastable CuZr-based shape memory alloys[J]. Acta Materialia,2011,59(17):6620-6630.

[3] Liu Z,Li R,Liu G,et al. Microstructural tailoring and improvement of mechanical properties in CuZr-based bulk metallic glass composites[J]. Acta Materialia,2012,60(6-7):3128-3139.

[4] Wu Y,Xiao Y,Chen G,et al. Bulk metallic glass composites with transformation-mediated work-hardening and ductility[J]. Advanced Materials,2010,22(25):2770-2773.

[5] Lee S Y,Kim C P,Almer J D,et al. Pseudo-binary phase diagram for Zr-based in situ β phase composites[J]. Journal of Materials Research,2007,22(2):538-543.

[6] Qiao J W,Wang S,Zhang Y,et al. Large plasticity and tensile necking of Zr-based bulk-metallic-glass-matrix composites synthesized by the Bridgman solidification[J]. Applied Physics Letters,2009,94(15):151905.

[7] Zhang L,Pauly S,Tang M Q,et al. Two-phase quasi-equilibrium in β-type Ti-based bulk metallic glass composites[J]. Scientific Reports,2016,6:19235.

[8] Hofmann D C,Suh J Y,Wiest A,et al. Designing metallic glass matrix composites with high toughness and tensile ductility[J]. Nature,2008,451(7182):1085-1089.

[9] Zhang L,Fu H,Li H,et al. Developing β-type bulk metallic glass composites from Ti/Zr-based bulk metallic glasses by an iteration method[J]. Journal of Alloys and Compounds,2018,740:639-646.

[10] Wu Y,Song W L,Zhou J,et al. Ductilization of bulk metallic glassy material and its mechanism[J]. Acta Physica Sinica,2017,66(17):176111.

[11] Qiao J W, Liaw P K, Zhang Y. Ductile-to-brittle transition of in situ dendrite-reinforced metallic-glass-matrix composites[J]. Scripta Materialia, 2011, 64(5): 462-465.

[12] Oh Y S, Kim C P, Lee S, et al. Microstructure and tensile properties of high-strength high-ductility Ti-based amorphous matrix composites containing ductile dendrites[J]. Acta Materialia, 2011, 59(19): 7277-7286.

[13] Tang M Q, Zhang H F, Zhu Z W, et al. TiZr-base bulk metallic glass with over 50 mm in diameter[J]. Journal of Materials Science & Technology, 2010, 26(6): 481-486.

[14] Zhang J, Zhang L, Zhang H, et al. Strengthening Ti-based bulk metallic glass composites containing phase transformable β-Ti via Al addition[J]. Scripta Materialia, 2019, 173: 11-15.

[15] Zhang L, Zhang J, Ke H, et al. On low-temperature strength and tensile ductility of bulk metallic glass composites containing stable or shape memory β-Ti crystals[J]. Acta Materialia, 2021, 222: 117444.

[16] Hays C C, Kim C P, Johnson W L. Microstructure controlled shear band pattern formation and enhanced plasticity of bulk metallic glasses containing in situ formed ductile phase dendrite dispersions[J]. Physical Review Letters, 2000, 84: 2901-2904.

[17] Szuecs F, Kim C P, Johnson W L. Mechanical properties of $Zr_{56.2}Ti_{13.8}Nb_{5.0}Cu_{6.9}Ni_{5.6}Be_{12.5}$ ductile phase reinforced bulk metallic glass composite[J]. Acta Materialia, 2001, 49(9): 1507-1513.

[18] Qiao J W, Zhang Y, Chen G L. Fabrication and mechanical characterization of a series of plastic Zr-based bulk metallic glass matrix composites[J]. Materials and Design, 2009, 30(10): 3966-3971.

[19] Sun B A, Song K K, Pauly S, et al. Transformation-mediated plasticity in CuZr based metallic glass composites: A quantitative mechanistic understanding[J]. International Journal of Plasticity, 2016, 85: 34-51.

[20] Qiao J W, Liaw P K, Zhang Y. Ductile-to-brittle transition of in situ dendrite-reinforced metallic-glass – matrix composites[J]. Scripta Materialia, 2011, 64(5): 462-465.

[21] Sun H C, Ning Z L, Wang G, et al. In-situ tensile testing of ZrCu-based metallic glass composites[J]. Scientific Reports, 2018, 8(1): 4651.

[22] Launey M E, Hofmann D C, Suh J Y, et al. Fracture toughness and crack-resistance curve behavior in metallic glass-matrix composites[J]. Applied Physics Letters, 2009, 94(24): 241910.

[23] Rajpoot D, Narayan R L, Zhang L, et al. Shear fracture in bulk metallic glass composites[J]. Acta Materialia, 2021, 213: 116963.

[24] Chen Y, Tang C, Jiang J Z. Bulk metallic glass composites containing B2 phase[J]. Progress in Materials Science, 2021, 121: 100799.

[25] Hofmann D C. Shape memory bulk metallic glass composites[J]. Science, 2010, 329(5997): 1294-1295.

[26] Qu R T, Liu Z Q, Wang G, et al. Progressive shear band propagation in metallic glasses under compression[J]. Acta Materialia, 2015, 91: 19-33.

第 5 章　非晶复合材料的计算机模拟仿真

　　非晶复合材料因其优良的综合性能和广泛的应用前景,在理论探索和实验研究等各个方面都受到了广泛的关注。从微观尺度探究非晶复合材料的结构特征与变形机理一直是一个重要研究方向。然而与传统晶态材料相比,非晶态的基体具有长程无序的特殊结构,这种结构中存在着复杂多样的短程有序团簇以及由短程有序团簇链接而成的中程有序结构。受限于目前实验技术手段,人们对于各种液态和非晶态等无序体系的研究尚处于发展阶段。快速冷却所制备的非晶态材料,其结构与相应的金属熔体的结构是密不可分的,虽然在熔体淬冷形成非晶态的过程中发生了原子的重新排列,但液态结构的基本特征仍然保持着。液态金属的微观结构细节,以及合金玻璃过程中的结构变化,一直是一个有着很大挑战性的问题。

　　非晶复合材料兼具非晶基体相的无序结构与晶体相的有序结构,与纯非晶合金相比其结构更为复杂。非晶基体与晶体增强相之间原子排列方式及其在变形过程中两相的演变规律,目前还不十分清楚。非晶复合材料的各种性能都取决于其微观结构,因此有必要从原子尺度上对其内部的结构有一个较为系统的认识。目前对非晶态合金各种无序体系结构的研究,无论是基础理论还是实验表征手段方面都存在着大量的问题有待人们解决。计算机科学与技术的进步为材料科学的理论研究提供了良好的条件,计算机模拟技术在材料科学中的应用也越来越广泛。计算机模拟方法能够根据研究工作的需求创建所需的非晶复合材料结构模型,且可以从原子尺度研究变形加载过程中的剪切带动力学行为,因此可以弥补传统试验方法无法详细观测非晶剪切带行为的不足。目前计算机模拟技术已经成为链接理论与实验研究的桥梁,成为非晶复合材料研究和设计的重要手段之一。近年来,在对材料结构与性质的模拟计算基础上已经发展形成了计算材料学这一新的学科分支。对非晶复合材料的结构演变行为与微观变形机制的研究,也越来越离不开计算机模拟技术的支持。

5.1　非晶复合材料的模拟仿真方法

　　得益于计算机科学日新月异的技术更迭,计算材料学科在近年来迅猛发展,相关的理论算法和模拟手段都取得了显著进步,为该领域带来了许多重要的创新性发现。这些进步不仅加深了对材料微观结构和行为的理解,还大大提高了新型材料设计与材料性能优化的效率。近年来的研究表明,许多实验主导的研究工作通过结合先进的模拟仿真技术,深入探讨和解析了实验现象背后的微观机制,从而更深入地揭示了材料微观结构与性能的相互作用关系。非晶复合材料的研究亦是如此。非晶复合材料由于其非晶基体结构复杂无序的特征,其变形机理一直是材料科学研究的热点和难点。通过计算模拟,研究人员可以预测非晶复合材料在不同条件下的结构演化行为,揭示剪切带形成机制、剪切带扩展行为、非晶剪切带与晶体相的微观作用机制等关键问题。这不仅帮助理解材料的基本性质,还为开发具有优异性能的新型非晶复合材料提供了理论指导和技术支持。在这一过程中,分子动力学模拟、第一性原理计算、有限元分析、蒙特卡洛方法以及机器学习技术等方法都得到了广泛的应用并取得了诸多成效。以下主要介绍目前应用最为广泛的分子动力学模拟方法和有限元仿真方法。

5.1.1　分子动力学模拟方法的基本原理

分子动力学方法将所计算模型中的原子视为遵循牛顿运动第二运动定律的经典粒子。简单来说,分子动力学模拟的计算过程就是通过求解牛顿运动方程,获得体系中每个原子的瞬时位置和速度,由此模拟体系动力学行为的过程。在模拟的初始阶段,将设定研究体系中每个原子的初始位置和速度,其中,初始位置通常可以从实验结构或计算结构模型中获得,而初始速度则可以根据系统的温度和动能分布进行赋予。根据原子所处的位置与其周围环境可以计算获得其所受的力和相应的加速度。由此可以通过数值积分方法更新原子在整个计算过程中每个特定时间的瞬时位置与速度。

分子动力学方法不需要进行密度泛函理论计算或对角化哈密顿矩阵的变换,而是通过包含经验参数的解析函数直接描述粒子之间的相互作用。相对于第一性原理计算等方法来说,分子动力学模拟方法的计算量相对较小,能够用来模拟较大的体系(约 10^6 个原子),并且能够准确地模拟描述出体系中粒子在各种加载条件下的响应过程。对分子动力学模拟方法而言,最为重要的部分为势函数的确定。势函数是描述原子或分子之间相互作用的数学函数,定义了系统中每对原子或分子之间的势能与相互作用关系,也是计算原子所受力的大小的根据。对于不同的研究系统,需要针对性地选取不同的势函数来描述原子或分子的相互作用,势函数的正确选择从根本上决定了模拟结果的准确性和可靠性。

5.1.2　分子动力学模拟方法的基本步骤

经过近年来的发展,分子动力学模拟已经可以通过多种软件来实现,其中最被广泛采纳的是大规模原子/分子大规模并行模拟器(Large-scale Atomic/Molecular Massively Parallel Simulator,LAMMPS)。LAMMPS 由美国 Sandia 国家实验室开发,是一个专门用于模拟原子、分子和其他粒子的运动行为的高性能并行计算平台,支持多种模拟类型和复杂系统模型的建立。使用 LAMPPS 进行分子动力学模拟计算的整个过程通常分为以下几个步骤:

(1)模型的建立与初始设置

在此步骤中,根据所研究的体系的结构特征和主要的研究目的,建立用于模拟计算的理论结构模型。建立初始模型后需要对模型的边界条件进行设置,大部分针对材料的结构演化与变形行为(如非晶复合材料的拉伸变形)的模拟往往需要用到周期性边界条件。在周期性边界条件下,模拟系统的每个边界都被设置为与其相对的边界相连接。当一个粒子越过模拟盒子的一个边界时,它会从对面的边界重新进入,从而确保系统的连续性,其示意图如图 5.1 所示。这种处理方式使得有限的模拟系统表现出无限重复的特性,从而可以使用尺度极小的模型达到所需的模拟目的,大大提高了计算效率并节约了计算成本。

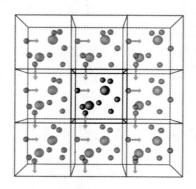

图 5.1　周期性边界示意图

（2）动力学行为的模拟

在数学上,动力学行为的求解过程等价于求解微分方程。建立初始模型并进行边界条件设置后,常常采用玻尔兹曼分布、高斯分布等随机分布形式来设定模拟体系中原子的初始速度的分布。由于设定的初始条件往往不满足宏观量（如能量、温度等）的要求,因此在模拟初始阶段需要采用平衡步。平衡步通常也被称为弛豫过程,其主要目的是通过调整粒子的能量和动量,使整个体系趋于平衡态。在进行统计计算时,应摒弃这些平衡步,仅统计体系达到平衡态后的状态量,因为弛豫过程中采取的是人为调整的方式,并未遵循真实的物理规律。因此,只有在经过足够长的时间演化体系,等待其达到平衡态后,才能得到准确的统计结果。

在分子动力学计算的整个过程中,体系中的粒子的运动情况（如速度和位置的变化）,是由求解牛顿运动方程来确定的,即

$$\frac{\mathrm{d}^2 r_\mathrm{i}}{\mathrm{d}t^2} = \frac{F(r_\mathrm{i})}{m_\mathrm{i}} \tag{5-1}$$

其中,r_i 为粒子 i 的瞬时位置;$F(r_\mathrm{i})$ 为粒子受到的力;m_i 为粒子 i 的质量。而粒子受到的力可以根据系统的整体势能计算出来,即

$$F_\mathrm{i} = -\sum_{i \neq j} \frac{\partial U(r_\mathrm{ij})}{\partial r_\mathrm{ij}} \tag{5-2}$$

其中,r_ij 为系统中粒子 i 与粒子 j 之间的距离;$U(r_\mathrm{ij})$ 则为系统的势能,其具体计算方式和大小是由所选取的势函数确定的。

分子动力学模拟在求解该问题时最常用的方法为 Verlet 算法。Verlet 算法通过利用当前时刻和前一时刻的粒子位置来计算下一时刻的位置,它的优点在于具有高精度和良好的能量守恒特性,适用于模拟粒子的运动。根据 Verlet 算法,粒子 i 在某一瞬时 $t + \delta t$ 的位置可以确定为

$$x_\mathrm{i}(t + \delta t) = x_\mathrm{i}(t) + v_\mathrm{i}(t)\delta t + \frac{1}{2}\frac{F_\mathrm{i}}{m_\mathrm{i}}\delta t^2 \tag{5-3}$$

且此时刻的速度可以确定为

$$v_\mathrm{i}(t + \delta t) = v_\mathrm{i}(t) + \frac{1}{2}\frac{F_\mathrm{i}(t) + F_\mathrm{i}(t + \delta t)}{m_\mathrm{i}}\delta t \tag{5-4}$$

其中,δt 为时间步长。由此可见时间步长的选取对模拟结果有很大影响,通常其具体大小需

要根据所计算的体系与势函数来确定,对合金之类的体系,其时间步长一般设置为 0.5~5 fs 范围。根据所求解的瞬时位置和瞬时速度,可以得到整个体系的瞬时状态,并进行所需物理量的计算。

分子动力学模拟在进行动力学行为计算的过程中可以根据研究工作的需求将系统设置为孤立系统,即微正则系综(Microcanonical Ensemble)。系统中的原子数量、体积和能量都是守恒的。此外,在很多情况下,常常需要控制系统的温度,此时需要系统成为一个正则系综(Canonical Ensemble)。这就要求对运动方程进行修改,通常使用 Nosé-Hoover 恒温器来达到此目的。该恒温器使系统与一个虚拟热浴耦合,其表现形式为在运动方程中添加一个额外的"摩擦"力。这个力在当前系统温度低于目标温度时也可以加速原子,从而保证系统的温度控制在所设定的范围内。在具体计算过程中,用户需要提供一个参数来表示系统与热浴耦合的强度,这个参数决定了使系统达到目标温度的速度。

很多情况下,计算过程不仅需要控制系统的温度,还需要控制压力或其他应力张量。因此,需要使用等温等压系统(Isothermal-Isobaric Ensemble,NPT)进行计算。压力的控制也可以通过一种类似于 Nosé-Hoover 恒温器的方法来实现。

(3) 数据的处理与可视化分析

分子动力学模拟的后处理是一项关键的分析和解释模拟数据的步骤。在完成模拟后,研究人员通常需要处理计算软件(如 LAMMPS)生成的轨迹文件,这些文件包含了模拟过程中粒子的位置、速度等详细信息。通过后处理,可以提取出体系中有意义的物理量,揭示出分子结构和动力学特性的演变过程。

后处理的主要内容包括轨迹分析、能量分析、应力应变分析、动力学分析以及热力学量的计算。轨迹分析涉及分析粒子的位置随时间的变化,揭示分子在模拟中的运动轨迹。能量分析则关注于体系内部和粒子之间的能量转移和分布情况,有助于理解体系的热力学稳定性和动力学行为。应力应变分析则探讨分子间的相互作用力和应变响应,对理解材料的力学响应行为有着重要的意义。此外,通过动力学分析可以研究分子之间的相互作用力及其对结构性质的影响。热力学量的计算则可以通过统计力学方法获得系统的热力学性质,如自由能、熵等。

为了更直观地理解模拟结果,研究人员通常会利用后处理软件(如 OVITO、OpenEye、VMD 等)对轨迹文件进行可视化处理。通过可视化,可以生成瞬时结构的动画或静态图像,进一步展示分子在模拟过程中的空间排布和动态变化,有助于深入理解和解释模拟数据背后的物理现象和行为规律。

5.1.3　分子动力学模拟势函数的选取

在分子动力学模拟中,选择适当的势函数至关重要,因为它直接决定了模拟结果的准确性和精确度。势函数用于描述体系中粒子之间的相互作用势能,不同类型的势函数适用于不同的物质体系和动力学行为。非常基础的势函数之一是对势函数,它将粒子间的相互作用势能仅仅定义为它们之间的距离函数。对势函数常用于描述密集堆积的结构,例如稀薄气体、液体以及分子之间的弱相互作用,如范德华力。这种势函数的简洁性和高效性使其在广泛的分子动力学模拟中得到应用。

更复杂的势函数包括各种变体的 Tersoff 型势函数,它们适用于描述半导体材料等具有共价键相互作用的系统。Tersoff 型势函数通常包含多体相互作用项，能够更准确地捕捉原子间的复杂相互作用。在模拟金属及合金体系时，常用的是嵌入式原子势函数(Embedded-Atom Method, EAM)。EAM 势函数通过嵌入能描述金属原子间的相互作用，成功应用于许多金属系统的动力学行为和微观变形机理的模拟中，其优点包括高效的计算速度和准确的动力学行为描述，使其成为模拟金属结构及其行为的非常经典的势函数之一。选择合适的势函数不仅影响模拟结果的准确性，还直接影响模拟的可靠性和应用范围。因此，在分子动力学模拟中，必须根据研究对象的特性和模拟需求，精心选择和调整势函数，以确保模拟结果与实际物理现象相符，并为进一步研究提供准确的基础数据。

针对非晶复合材料的变形行为的分子动力学模拟也会大量使用 EAM 势函数来进行。根据 EAM 势函数的定义，系统的总势能为

$$E_{tot} = \sum_i F_i(\rho_i) + \frac{1}{2} \sum_{i \neq j} \phi_{ij}(r_{ij}) \tag{5-5}$$

其中，$\phi_{ij}(r_{ij})$ 是对势部分，表示原子 i 与 j 之间的对势能，由原子之间的距离 r_{ij} 所确定；而 $F_i(\rho_i)$ 是原子 i 的嵌入能，由原子的局部电子密度 ρ_i 所确定。EAM 势函数的参数通常通过拟合实验数据或基于第一性原理的计算得到，不同的金属系统可能需要不同的参数化。根据所选取的势函数可以计算出整个系统的总能量，从而进一步计算出系统中原子间的相互作用力。

5.1.4　有限元分析方法的基本原理与步骤

除了分子动力学模拟方法，有限元方法(Finite element method, FEM)也是一种可以用于非晶复合材料变形行为研究的模拟仿真方法。有限元方法是一种在工程和数学建模中广泛应用的数值方法，它在多个经典领域中发挥着重要作用，包括但不限于结构分析、热传递分析、流体动力学、变形机理分析以及电磁场模拟等。在有限元分析中，通过将复杂的物理问题分解为小的、简单的有限元单元来近似求解。每个有限元单元都代表了问题的一部分，并且可以通过数学方法精确求解。这些单元在空间上通过网格构建，将整个解决域分割成离散的区域。每个区域包含有限个节点，节点处定义了未知量的解。通过求解所有单元的方程，可以逐步逼近整个完整问题的解。

有限元分析常用的软件有 ABAQUS、ANASYS、Nastran、OpenFOAM 等，分析求解问题的基本步骤为：

(1) 模型建立与初始设置

有限元分析的首要任务是将要分析的结构或物体的几何形状转化为有限元模型。这一步骤通常涉及使用 CAD 软件或专用的几何建模工具，以创建研究材料结构的几何模型。且在这一过程中于需要确定所要分析的具体问题和涉及的具体物理现象。例如材料的应力应变分析、热传导问题、流体力学问题等。完成几何模型后，必须对其进行离散化，将其划分为由多个简单的有限元单元组成的网格。这些单元可以是三角形、四边形或立体单元，每个单元都代表结构中的一个局部区域，使得结构复杂的几何形状能够被数值方法有效地处理和分析。

(2) 边界条件确定

在建立模型并完成网格划分后，必须明确定义问题的边界条件。这些边界条件包括约

束条件和加载条件,用来模拟外部作用力及结构组件之间的约束关系。约束条件如固定或自由边界限制结构的运动,而加载条件则模拟施加在结构上的力、压力或位移,确保有限元分析精确模拟结构的实际工作环境与行为响应。边界条件的正确定义至关重要,它们直接影响到有限元模型的分析结果和准确性。在建模过程中,需要仔细考虑结构的物理特性和实际工作条件,以确保模拟的真实性和可靠性。

（3）设置分析类型

确定了边界条件后,接下来需要详细定义整体结构及每个有限元单元的材料属性,包括弹性模量、泊松比等物理参数。此外,需要选择适当的本构模型来描述材料的力学行为,如线性弹性模型或者更复杂的非线性弹性模型。根据问题的特性,选择合适的分析类型也至关重要,例如静力分析、动态分析或热分析等。每种分析类型对加载条件和边界条件的响应方式不同,确保选取合适的分析类型能够准确模拟结构在实际工作条件下的行为响应。

（4）求解和计算

设置完边界条件和加载后,利用数值方法求解离散化后的代数方程组是有限元分析的关键步骤。这一过程旨在通过迭代法或直接求解法计算每个节点的位移、应力、应变等物理量。在求解过程中,数值方法会考虑边界条件的影响,确保计算结果准确反映结构在实际工作条件下的响应。通过数值求解,研究人员能够获得有限元模型中关于结构响应的详细信息。这些信息包括结构的变形情况、各点的受力状态以及可能的应力集中区域。这些结果不仅帮助评估结构在静态或动态负载下的性能表现,还可以揭示潜在的强度问题或设计改进的需求。通过与实验数据的比较,可以验证数值模型的准确性和可靠性,从而为材料性能研究提供理论支撑。

（5）后处理与结果分析

对求解结果进行后处理是有限元分析中最后的步骤。后处理的过程包括多个方面:首先是结果的可视化,通过生成应力-应变图、位移图、应力分布图等,直观地展示结构在不同载荷下的响应情况。这些图形能够帮助研究人员快速了解结构的强度、刚度以及可能存在的疲劳或变形问题。其次是结果的剖析和解释,研究人员需要深入分析每个节点和单元的数据,比较不同加载条件下的响应差异,识别可能的热点区域或应力集中点。这种分析有助于优化设计或改进材料选择,以提高结构的性能和可靠性。最后,后处理还包括将数值模拟结果与实验数据或设计要求进行对比和评估。通过与实验数据的对比,可以验证有限元模型的准确性和可靠性,或者发现模型与现实之间的差异。因此,后处理不仅仅是简单地生成图表,还是通过深入分析和比较,提供了对结构行为和性能的全面理解。

5.2　非晶复合材料的结构模型

使用计算模拟方法对非晶复合材料进行微观尺度探究的首要前提是建立合理的结构模型,以确保计算模拟结果的准确可靠。结构模型建立的首要任务是创建具有短程有序结构特征的非晶合金基体,并在此基础上结合晶体相结构建立非晶复合材料的理论结构模型。此处主要介绍应用于分子动力学模拟方法的结构模型。

5.2.1　非晶合金的结构模型

非晶复合材料结构模型建立的首要前提是创建非晶合金基体的结构模型。非晶合金具有长程无序但短程和中程有序的微观结构特征。为了表征这种特殊的结构,需要将其中具有代表性的短程有序和中程有序结构划分出来。在计算模拟方法中,常用的技术之一是前文中提到过的用于分析无序结构的沃罗诺伊镶嵌法(Voronoi Tessellation)。在对建立的非晶复合材料模型进行结构分析时,可以利用该方法将长程无序的非晶态结构分解成围绕每一个原子的 Voronoi 多面体。Finney 通过对一组二维点阵进行有序划分描述了 Voronoi 镶嵌法的基本思想。Voronoi 镶嵌法的基本步骤如下:首先,在所创建的模型中选择某一个固定原子,连接该原子与其周围相邻原子并创建垂直平分线,这些垂直平分线将相交成一个平面,这一平面便是 Voronoi 多边形,其示意图如图 5.2 所示。将这一思想扩展到三维空间,便可以以将非晶结构模型分解成大量堆垛相接的 Voronoi 多面体,每个 Voronoi 多面体由多个 Voronoi 多边形拼接而成。为了定义与特定点相关联的多面体,选择围绕该点形成的最小多面体,确保没有其他平面能够进一步切割这个选定的集合。每个 Voronoi 多面体都包含足够的信息来完全描述相关中心原子的邻域。利用 Voronoi 镶嵌法可以有效地表征非晶合金结构模型中的短程和中程有序结构,从而在计算模拟中将无序的结构直观地可视化。这种方法不仅能清晰地划分出每个原子周围的邻域,还能提供关于这些邻域的详细信息,从而更深入地理解非晶合金的微观结构和性能。

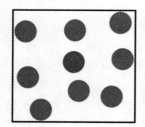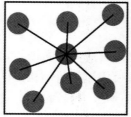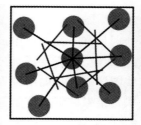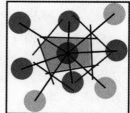

图 5.2　Voronoi 多面体确定方法的示意图

Voronoi 多面体通常使用参数 $<n3,n4,n5,\cdots>$ 来描述,用来区分不同的多面体类型。其中 ni 代表该多面体中具有条边的面的数量;而 ni 相加的总和表示多面体中心原子的配位数。例如,八面体和菱形正十二面体分别可以用参数 $<8,0,0,0>$ 和 $<0,12,0,0>$ 来表示。研究发现非晶合金中的短程有序结构可以使用 Voronoi 多面体来进行简化表征,根据非晶合金体系的不同,短程有序结构的含量和种类有很大的区别,其中几种典型的短程有序结构与其相对应的表征参数示意图如图 5.3 所示。进一步探究发现,非晶合金中还存在着由各种短程有序结构相互连接而形成的中程有序结构链,中程有序是描述短程有序连接的下一级结构组织。中程有序结构链表现出多种堆积特性,具体取决于非晶合金系统的成分。如图 5.4 所示,研究人员通过分子动力学模拟方法表征出了 $Zr_{80}Pt_{20}$、$Al_{75}N_{125}$ 两个体系非晶合金中所包含的典型的中程有序结构。近年的研究工作通过原子电子断层扫描重建的方法表征出了非晶态材料中的三位原子结构特征,实验表征出的结构特征与分子动力学模拟所建立的理论模型具有极高的吻合性,证明了非晶合金中短程有序及中程有序原子团簇的存在,也证明了计算模拟结果的可靠性。

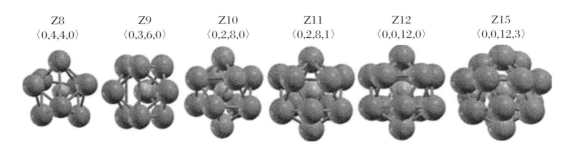

图 5.3 非晶合金中几种典型的短程有序结构

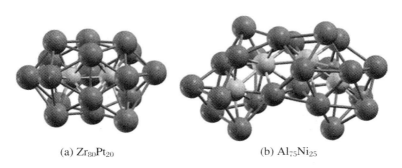

(a) $Zr_{80}Pt_{20}$ (b) $Al_{75}Ni_{25}$

图 5.4 使用分子动力学模拟方法模拟出的 $Zr_{80}Pt_{20}$ 和
$Al_{75}Ni_{25}$ 非晶合金中的中程有序结构示意图

    在实际的分子动力学模拟工作中,可以使用模拟快速冷却的方法获得非晶合金的结构模型。受到目前计算机硬件算力与计算可行性的限制,模拟过程中用到的冷却速率通常大于 10^9 K·s^{-1},显然,这种冷却速率比任何实验中的速率都快了数个数量级,因此与实验制备的非晶合金结构相比,由分子动力学模拟所制备的非晶合金结构模型具有更加无序的微观结构。即使如此,使用分子动力学模拟所创建的结构模型依然可以表现出非晶态物质的短程有序和中程有序结构的特征,且大量的工作已经证实,使用分子动力学模拟所创建的结构模型可以用来研究非晶合金的微观结构演化行为和变形加载过程中的剪切带动力学行为。

5.2.2 非晶复合材料结构模型及应用实例

    为了从原子尺度上研究非晶复合材料的微观结构演化过程和动力学行为,利用模拟计算方法,如分子动力学方法,是一种行之有效的手段。分子动力学方法通过数值求解原子间的相互作用和运动方程,可以详细地揭示非晶复合材料在不同条件下的行为。然而,使模拟顺利进行的前提是建立一个合理且准确的非晶复合材料结构模型。这个模型必须充分考虑材料的体系、初始结构、相互作用势能等因素,以确保模拟结果的可信性和准确性。建立合适的结构模型不仅能够更好地反映实际材料的特性,还能够提高模拟计算的效率,为深入理解非晶复合材料的本质和优化其性能提供可靠的基础。建立非晶复合材料结构模型的通常方法是在已经创建好的非晶合金结构模型内部添加不同的晶体夹杂物,并且根据研究目的对晶体夹杂物的结构、晶体取向、形状、体积分数、分布特征等进行调整。下面将对几种典型的非晶复合材料的结构模型的特征以及具体应用进行详述。

（1）嵌入型非晶复合材料结构模型

嵌入型非晶复合材料结构模型是分子动力学模拟研究中最为常见和重要的结构模型之一。其主要设计方法为，将晶体相结构嵌入非晶合金基体结构模型中。这种模型因其能够真实反映非晶复合材料的微观结构特征，在科学研究中被广泛应用。具体来说，嵌入型结构模型可以通过精细调控其中的晶体相结构特征，从而实现对非晶复合材料的整体结构进行精准调控。这种精准调控的能力使得嵌入型非晶复合材料结构模型成为研究非晶复合材料多种科学问题的理想工具。在实际应用中，这些模型不仅帮助理解非晶复合材料在不同条件下的变形行为，还能揭示其内部的微观结构演变。例如，通过分子动力学模拟，研究人员可以观察到非晶复合材料在受力过程中的微观结构变化。这些信息对于开发具有特定性能的材料有重要的指导意义。此外，嵌入型非晶复合材料结构模型还被用于研究材料的物理和化学性质。通过模拟和实验数据的结合，能够更加全面地理解这些材料的性质，并开发出更为优异的非晶复合材料。总之，嵌入型非晶复合材料结构模型不仅在分子动力学模拟研究中占据重要地位，而且为探究和理解非晶复合材料的多种科学问题提供了一个强有力的工具，从而推动了这一领域的不断发展和进步。

因为用于描述 CuZr 二元体系的势函数发展较为成熟，因此 CuZr 非晶模型通常被选择为研究非晶合金及其复合材料的微观结构和变形机制的对象。研究人员通过分子动力学建模方法首先建立 CuZr 非晶合金模型，并将 Cu 颗粒嵌入非晶基体模型中，建立了含有 Cu 晶体增强相的嵌入型非晶复合材料结构模型，其典型几何形状示意图如图 5.5 所示。其中图 5.5(a) 标注出了此模型中多个用来确定晶体增强相结构特征的参数，通过调整这些结构参数，可以生成各种含有不同形状和不同体积分数的 Cu 增强相的非晶复合材料模型。

此嵌入式模型可以用来探究晶体增强相的形状对非晶复合材料力学性能的影响。如图 5.5(b) 所示，通过调整纵横比 b/a，可以得到几何形状不同的三种复合材料（Ⅰ、Ⅱ和Ⅲ）。对其的拉伸变形模拟发现，晶体相的加入能有效抑制非晶合金集体内部剪切带的扩展，从而提高非晶复合材料的拉伸塑性。且相比而言，模型Ⅰ至模型Ⅲ的塑性逐渐减少，这也证明了晶体相的尺寸越大对非晶剪切带的抑制效果越明显。通过模拟结果的分析可以得出结论，与非晶合金相比，非晶复合材料的全局塑性增强有两种机制：首先，由于结晶夹杂物周围的应力集中和应变不匹配，促进了玻璃基质中的多重剪切带的形成；其次，具有适当几何形状的结晶夹杂物为剪切带扩展提供了有效的抑制作用。

这种类型的模型不仅可以用于探究晶体增强相的尺寸和形状的影响，还可以进一步通过修改参数来研究晶体相体积分数对非晶复合材料变形行为的影响机制。例如，通过修改晶体相的间距 w，可以设计出具有不同体积分数的复合材料结构模型，如图 5.5(c) 所示的模型Ⅳ、Ⅴ、Ⅵ和Ⅶ。通过对这些模型进行拉伸变形模拟，研究人员能够详细分析非晶复合材料在不同晶体相体积分数下的变形机制。模拟结果表明，非晶复合材料的变形机制随着晶体增强相体积百分比的增加而发生显著变化。在高体积分数的复合材料（如模型Ⅶ）中，几乎所有的纳米晶体相都经历了塑性变形。这种广泛的塑性变形提供了一种有效的抑制剪切带传播的机制，从而改善了材料的整体塑性。具体来说，纳米晶体相通过塑性变形吸收并分散了应力，阻止了局部应力集中和剪切带的快速传播。而与此相对，低体积百分比复合材料（如模型Ⅳ）的变形主要由剪切局部化主导。在这些材料中，由于晶体相体积分数较低，无法有效阻止剪切带的形成和传播,从而导致材料在受力时发生明显的局部化变形。这种剪切局部化不仅降低了材料的整体塑性,还可能导致材料的早期失效。通过这些模拟研究,可以看出晶体相体积分数对非晶复合材料变形行为的深远影响。高体积分数的晶体相能够显著提高材料的塑性,使其变形更加均匀,表现出更好的机械性能。这为非晶复合材料的设计和优化提供了重要的理论指导。设计者可以通过调控晶体相的体积分数和分布来开发具有优异力学性能的新型非晶复合材料。

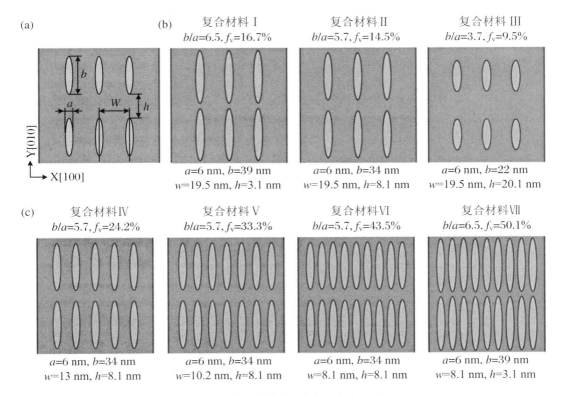

图 5.5　嵌入型非晶复合材料结构模型

（a）为典型的嵌入型非晶复合材料结构模型,其中方形基体代表 CuZr 体系非晶合金,灰色的椭圆形结构代表 Cu 纳米晶体增强相；(b)为改变 Cu 晶体相尺寸后的三种复合材料结构模型；(c)为改变 Cu 晶体相体积分数后的四种复合材料结构模型

此外,这种嵌入式模型还可以用于探究其他与晶体相相关的参数对材料性能的影响。例如,研究晶体相的形状、排列方式以及晶体相与非晶基体之间的界面特性等。这些研究可以进一步丰富对非晶复合材料的理解,并为开发更高性能的材料提供更多的设计策略。总之,通过对嵌入型非晶复合材料结构模型的分子动力学模拟研究,能够深入理解晶体相体积分数和其他参数对材料变形行为的影响机制。这不仅有助于揭示非晶复合材料的基本物理特性,还为其在实际应用中的优化设计提供了重要的参考依据。

（2）层叠型非晶复合材料结构模型

除了上述的嵌入型非晶复合材料结构模型,另一种在分子动力学模拟研究中较为常用的模型是层叠型非晶复合材料结构模型。在设计层叠型非晶复合材料结构模型时,首先需要分别制备非晶合金和晶体相的结构。这两个步骤通常通过不同的方法实现,例如通过模拟快速冷却过程制备非晶合金,通过模拟常规晶体结构制备晶体相等。制备完成后,将这两种不同的结构层叠在一起,形成具有分层特征的复合材料。图5.6为一种典型的层叠型非晶复合材料结构模型的示意图,其中图5.6(a)和图5.6(b)分别为具有 FCC 结构的高熵合金晶体模型和非晶合金结构模型,经过将两个模型层叠在一起,便可以制备出如图5.6(c)所示的层叠型非晶复合材料的结构模型。

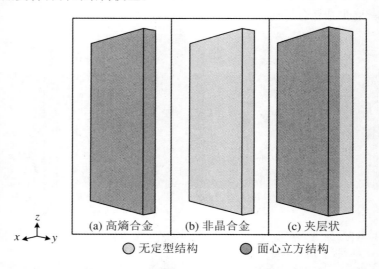

图 5.6　层叠型非晶复合材料结构模型

(a)为高熵合金结构模型;(b)为非晶合金结构模型;(c)为由高熵合金和非晶合金构建的层叠型非晶复合材料结构模型

　　层叠型非晶复合材料通常具有大面积的两相界面,且非晶与晶体两相的厚度与体积分数可以精准调控。这种结构特性使得层叠型非晶复合材料成为研究非晶与晶体两相之间相互作用的理想结构。例如,研究人员可以通过调节层的厚度和体积分数来系统地探究两相原子互扩散行为、变形过程中的两相应变传递行为等复杂现象。由于层叠型非晶复合材料具有大面积的两相界面,其界面区域成为研究微观机制的关键区域。在这些界面上,非晶相和晶体相的原子排列方式不同,导致界面区域的物理和化学性质显著异于各自的体相特性。通过分子动力学模拟,研究人员可以详细研究界面处的原子互扩散行为。这对于理解材料在高温、高压等极端条件下的稳定性等性能至关重要。通过调控非晶和晶体两相的层厚与界面特性,可以优化材料在特定环境下的表现。变形过程中的两相应变传递行为是另一个重要的研究方向。在受力加载条件下,非晶相和晶体相的应变传递和变形行为可能会显著不同。晶体相通常表现出较高的塑性变形能力,而非晶相则具有更高强度。在层叠型结构中,这两相之间的应变传递行为复杂且具有高度的可调控性。研究人员可以通过调节层厚和体积分数,研究在不同应力状态下两相的协同变形机制,这对于开发具有高强度、高韧性的复合材料具有重要意义。

　　层叠型非晶复合材料的设计还可以用于研究其他界面现象。通过精确控制非晶和晶体相的厚度和体积分数,可以探究界面处原子的动力学过程。这些研究不仅有助于揭示材料的基本物理和化学特性,还为开发新型高性能材料提供了理论指导。总之,层叠型非晶复合材料不仅在基础研究中具有重要地位,而且在应用研究中展现出广阔的前景。通过对其结构特性和界面行为的深入研究,可以进一步推动新材料的发展,为各种实际应用提供更多的解决方案和技术支持。

（3）拼接型非晶复合材料结构模型

严格来说,拼接型非晶复合材料的结构模型是由层叠型模型演化而来的。与层叠型结构模型类似,拼接型非晶复合材料建立的初始阶段也需要分别设计非晶相与晶体相的结构,随后将两种结构组装在一起形成拼接型非晶复合材料的结构模型。然而,与叠层型非晶复合材料的结构模型相比,拼接型非晶复合材料结构模型并不需要大面积的两相界面,而是要求非晶相与晶体相都具有较大的厚度。这种结构模型的设计理念决定了它的研究重点并非放在非晶相与晶体相之间的界面反应上,而是着重于考察材料在变形过程中的行为,尤其是在极端条件下的变形行为。例如,在高速冲击等极端环境下,拼接型非晶复合材料的结构模型可以用来研究两相之间应力与应变的传递行为与结构演化行为。这对于理解材料在高应力极端变形条件下的性能表现具有重要意义,有助于开发在苛刻环境下具有优异机械性能的复合材料。图5.7展示了拼接型非晶复合材料结构模型和模型在高速冲击变形下的微观结构演化行为,其中图5.7(a)为两种典型的拼接型非晶复合材料,前半段为晶体相结构而后半段为非晶相;图5.7(b)为不同应变速率下的高速冲击变形过程中的结构演化行为。

除了上述几种较为常见的模型,非晶复合材料的结构模型还有很多种,这里不再一一举例。总而言之,分子动力学模拟方法为非晶复合材料结构模型的建立提供了很多可能性,研究人员可以根据所研究的体系和研究的目标,建立合适的非晶复合材料结构模型,并对模型中两相的尺寸、大小、体积分数进行调控,从而调整模型的微观结构,以进行后续研究。

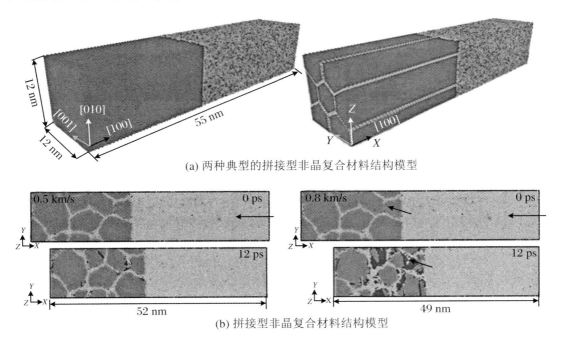

(a) 两种典型的拼接型非晶复合材料结构模型

(b) 拼接型非晶复合材料结构模型

图5.7 非晶复合材料结构模型在不同应变速率的高速冲击变形行为中的结构演化过程

5.3　非晶复合材料变形行为的模拟仿真

近年来,非晶复合材料变形机理方面的研究取得了大量的成绩,但是关于非晶相剪切带与晶体相塑性变形之间相互作用微观机理的探究仍旧难以取得突破性进展。其原因之一是非晶相的无序结构无法通过传统实验手段进行表征,且非晶相剪切带的扩展过程亦无法完全通过实验方法进行观测。基于此,使用模拟仿真方法尤其是分子动力学模拟方法对非晶复合材料微观变形机理进行进一步深入研究成为新的发展趋势。其中分子动力学模拟和有限元分析是两种被广泛应用的数值模拟方法,在探究非晶复合材料微观结构与变形机理的相互关系方面取得了做出了重大的贡献。分子动力学模拟和有限元分析各有优缺点,适用于不同的研究问题。分子动力学模拟注重微观尺度的细节,适用于原子级别的研究;有限元分析则擅长处理宏观尺度的复杂结构问题,适用于工程设计和分析。在实际应用中,常常需要结合两种方法,以充分发挥各自的优势,从多尺度角度深入理解和解决复杂问题。分子动力学模拟方法从原子尺度出发,模拟跟踪系统中每个原子的运动轨迹,可以对非晶相的短程有序结构的演化行为进行跟踪和表征,还可以从原子尺度模拟出非晶相剪切带萌生与扩展的整个过程,从而弥补实验研究中无法观测剪切带形成过程的缺陷。相比而言,有限元分析针对微米到米的宏观尺度分析,可以通过模拟复杂结构的应力应变等力学行为来研究非晶复合材料系统的整体变形过程。模拟仿真可以深入研究非晶复合材料在变形过程中的微观机制。通过跟踪材料内部原子或分子的运动轨迹,研究人员能够详细了解位错运动、剪切带形成和扩展、相变等复杂过程。这些微观机制的揭示有助于解释非晶复合材料在宏观力学性能上的表现,如强度、韧性和断裂行为等。

5.3.1　剪切带扩展行为的分子动力学模拟

利用模拟仿真方法的优势与特点,可以对非晶复合材料变形过程的剪切带传播行为进行模拟分析。分子动力学模拟结果证实,非晶复合材料中的晶体相的微观结构对剪切带传播过程有着重要的影响。通过建立含有球形晶体相的嵌入型非晶复合材料模型并进行拉伸变形模拟,研究人员观察到的几种不同剪切带传播机制,第一种机制是剪切带在传播过程中围绕并包裹晶体相,其示意图如图 5.8(a)所示。模拟中使用了直径为 30 nm 具有 B2 结构的球形 CuZr 晶体相。模拟结果显示剪切带在其传播路径上几乎不受阻碍,而传播至接触晶体相后会暂时改变方向并绕过晶体相,而晶体相仅发生弹性变形。这种变形机制在晶体材料变形过程中是罕见的。晶体材料塑性变形的主要方式为位错的生成和滑移,位错被限制在滑移面上,滑移面的改变仅可能发生于螺位错分量。与此相反,非晶材料具有各向同性,没有定义的滑移面,这意味着所有滑移方向都是等价的。因此,剪切带在传播过程中可以暂时改变其路线并绕过晶体相。

显然,这种"包裹"的机制不能无限地继续,因为随着剪切带偏离最大剪切应力分量平面,其继续传播的驱动力会明显减小。这种情况下当剪切带继续传播至遇到后续的尺寸更

大的晶体相时,剪切带会因驱动力不足而无法继续传播,从而形成一种"阻挡"机制,如图
5.8(b)所示。此时 B2-CuZr 晶体相的直径为 37.5 nm,此时剪切带传播至接触晶体相时,被
晶体相阻挡无法继续传播。此时,被阻挡的剪切带无法承载应变,导致新的剪切带生成,以
适应外界施加的不断增加的应力。分子动力学的模拟结果还发现,只有当非晶复合材料中
的晶体相为可以发生形变诱发马氏体相变的形状记忆合金(如 B2-CuZr 相)时,才能在变形
时观测到这种"包裹"和"阻挡"的微观变形机制。在多数情况下,非晶复合材料中的晶体相
的塑性变形方式为位错的滑移和运动,在此情况下,当剪切带传播至晶体相时,剪切带所承
载的应变会通过位错的滑移顺利地穿过晶体相,因此剪切带的传播无法受到阻碍,如图 5.9
所示。在此分子动力学模拟工作中,非晶复合材料结构模型中的晶体相为具有 FCC 结构的
Cu 相,当非晶基体的剪切带传播至与 Cu 相接触时,其传播无法受到阻碍且会通过 Cu 相中
的位错滑移继续传播。

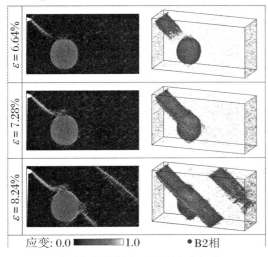 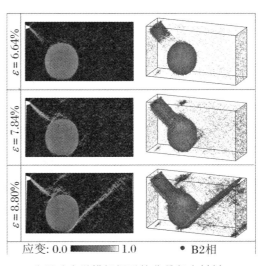

(a) 非晶复合材料变形过程中剪切带　　　　　(b) 分子动力学模拟揭示的非晶复合材料
　　"包裹"晶体相的变形机制　　　　　　　　　中剪切带传播时被"阻挡"的机制

图 5.8　非晶复合材料变形过程的剪切带传播行为模拟分析

　　近期的研究工作通过分子动力学模拟结合实验研究方法证实,非晶复合材料中晶体相
的种类和变形行为会对剪切带的传播机制产生重要的影响。研究人员通过分子动力学模拟
结果证实,当非晶复合材料中含有通过位错介导塑性变形的晶体相时,剪切带在传播过程中
变得尖锐且迅速成熟,其传播机制类似于单相非晶合金材料,这导致此类非晶复合材料拉伸
塑性较差且拉伸变形过程中发生应变软化。相比之下,当非晶复合材料中的晶体相结构为
形状记忆合金,且其变形行为为形变诱发的马氏体相变时,非晶复合材料中的剪切带会持续
随着马氏体板条的生长而扩展变宽,并在变形过程中保持不成熟。这种宽广的剪切带还能
在传播过程中发生分叉,从而进一步引发形成具有不同取向的更多马氏体变体,促进复合材
料的塑性变形,这种机制被称为"剪切带钝化"机制,其示意图如图 5.10 所示。相关的实验
工作证实分子动力学模拟结果合理可靠,形状记忆型非晶复合材料中剪切带的扩展和分叉
导致剪切带的钝化,这是形状记忆非晶复合材料大拉伸塑性和优越应变硬化能力的根本
原因。

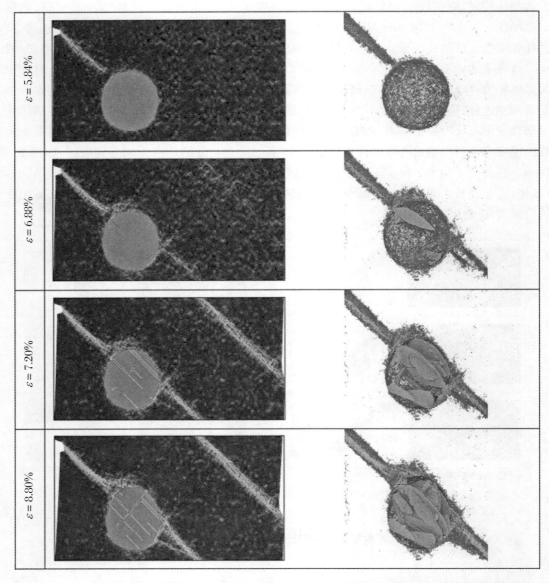

图 5.9　分子动力学模拟揭示的非晶复合材料变形过程中剪切带穿透晶体相的传播机制，其中球体表示具有 FCC 结构的 Cu 晶体相

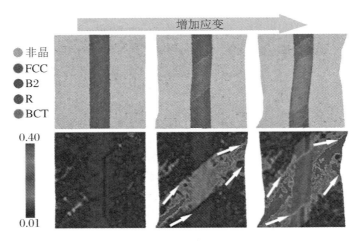

图 5.10 分子动力学模拟出的剪切带钝化机制(彩图 1)

5.3.2 非晶复合材料变形机制的分子动力学模拟

利用模拟仿真方法,研究人员可以系统地探讨不同结构参数对非晶复合材料变形机理和力学性能的影响。例如,可以通过调整晶体相和非晶相的比例、尺寸和排列方式,来模拟这些结构对材料变形行为的具体影响。这种虚拟实验的方式不仅节约了时间和成本,还能够在更广泛的参数空间内进行探索,有助于找到最优的材料结构设计方案。模拟仿真不仅可以独立开展研究,还能为实验提供有力的参考和支持。通过与实验结果的对比,研究人员能够验证和优化模拟模型,进一步提高其准确性和可靠性。同时,模拟仿真还能够预测实验可能遇到的问题,指导实验设计和数据分析,从而提升整体研究效率和成果质量。总之,模拟仿真方法,特别是分子动力学等方法,在探索非晶复合材料变形行为及其优化设计方面具有重要的科学和工程应用价值。

模拟结果表明,非晶复合材料中晶体相的体积分数对其力学性能有着重要影响,根本原因是晶体相体积分数改变时非晶复合材料的微观变形机理将发生改变。例如,分别对含有 15 个和 9 个 B2-CuZr 晶体相的非晶复合材进行拉伸变形模拟过程中发现,在拉伸载荷下,含有 15 个晶体相的非晶复合材料表现出更均匀的塑性变形行为,如图 5.11(a)所示。在塑性变形初级阶段,剪切带主要在非晶与晶体界面周围形成。当 B2-CuZr 晶粒开始从 B2 结构向中间相进行马氏体相变时,应变/应力场受到扰动,更多的剪切带在发生相变区域附近的非晶基体内被激活并传播。然而,这些剪切带的进一步传播被晶体相所限制,成熟剪切带的形成被阻碍。因此,非晶复合材料的变形不再是高度局域化的剪切带的生成和扩展,复合材料表现出均匀的塑性变形。相对而言,当 B2-CuZr 晶体相的数量减少到仅 9 个时,非晶复合材料变得极其脆性,其拉伸过程中的塑性变形高度局部化在一个主要剪切带中,如图 5.11(b)所示。其原因是剪切带的形成与 B2-CuZr 晶体相的相变密切相关,马氏体相变导致非晶基体中的剪切起始,而剪切带尖端上的应力引起下一个 B2-CuZr 相的马氏体相变。在 B2-CuZr 的含量较少的情况下,晶体相不能阻挡和限制剪切带的传播,导致复合材料的塑性变形还是由高度局域化的剪切带的生成和传播所控制。

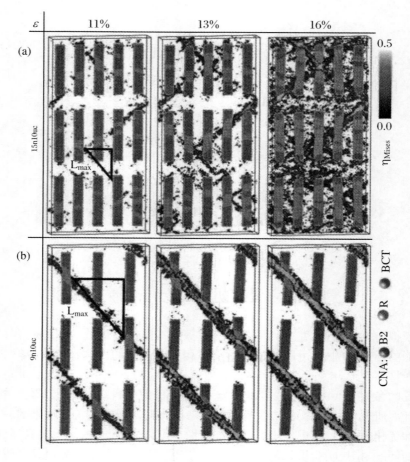

图 5.11　含有 15 个和含有 9 个 B2-CuZr 晶体相的 CuZr 基非晶复合材拉伸变形模拟时的剪切带传播机制(彩图 2)

　　分子动力学模拟结果还证明,除了含量和体积分数,晶体相的大小和尺寸也会对非晶复合材料的变形机理和力学性能有着重要的影响。同样含有和 9 个 B2-CuZr 晶体相的非晶复合材料的拉伸变形分子动力学模拟结果表明,晶体相的尺寸较大非晶复合材料表现出更均匀的塑性变形行为。如图 5.12(a)所示,晶体相尺寸较小的非晶复合材料其塑性变形高度局部化在一个主要剪切带中。在加载下,虽然可以看出 B2-CuZr 晶体相暂时阻碍了剪切带的传播,同时不断发生形变诱导的马氏体相变,但是当应变水平逐渐增加时,剪切带的传播无法被继续阻碍从而穿透晶体相,并形成了导致复合材料灾难性断裂的高度局域化成熟剪切带。

　　随着进一步增加 B2-CuZr 晶体相的尺寸,非晶复合材料显示出更均匀的塑性变形,如图 5.12(b)所示。尽管该非晶复合材料模型中的剪切自由路径长度足以形成剪切带,但剪切带的传播仍然可以被 B2-CuZr 晶体相所限制。整个复合材料中的应变均匀分布在形成的多重剪切带上,共同承担塑性变形。即使在较高的应变水平下,这些剪切带也没有迅速扩展成熟为导致复合材料断裂的主剪切带,从而显著增强了复合材料的拉伸塑性变形能力。具体而言,B2-CuZr 晶体相不仅通过物理阻挡剪切带的传播,还通过其独特的相变机制有效分散应力。这些晶体相在变形过程中能够经历马氏体相变,吸收和缓解局部应力集中,从而抑制剪切带的过度扩展。这种相变机制使得剪切带在早期阶段被分散成多个较小的剪切区,防止形成贯穿整个材料的主剪切带,从而使复合材料的塑性变形更加均匀。

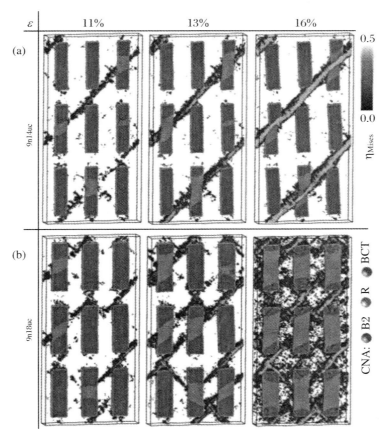

图 5.12　含有 9 个小尺寸和含有 9 个大尺寸 B2-CuZr 晶体相的 CuZr 基
非晶复合材拉伸变形模拟时的剪切带传播机制(彩图 3)

　　除了使用分子动力学方法建立嵌入型结构模型来探究晶体增强相对非晶复合材料变形机理和力学性能的影响之外,还可以利用这一方法来模拟探究非晶与晶体两相界面处的相互作用及其对复合材料力学性能的影响。这类研究通常需要建立层叠型非晶复合材料结构模型。Xu 等人的分子动力学模拟研究证实,相比于单相的非晶合金,非晶合金与高熵合金形成的纳米层状复合材料不仅能够保持高的抗拉强度,还具备更好的拉伸塑性。分子动力学方法对复合材料的拉伸变形行为进行了原子级别的探究,揭示了一种非晶相与高熵晶体相之间相互制约的变形机制。这种相互制约的变形机制主要发生在两相界面处,高熵晶体相的变形行为影响了非晶合金板的局部变形行为、剪切带的生成和传播过程。晶体相变形时产生的位错在滑移至非晶-晶体界面时引发应力和应变的集中,这种应变集中激活了非晶相中的剪切变形区域,从而促进了非晶相在变形过程中产生多种剪切带的形成。

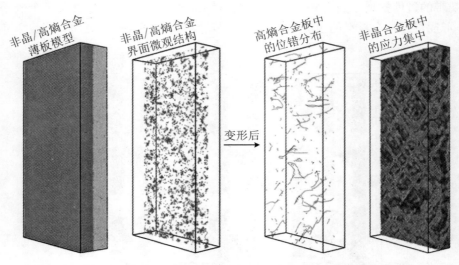

非晶/高熵合金
薄板模型

非晶/高熵合金
界面微观结构

高熵合金板中
的位错分布

非晶合金板中
的应力集中

变形后

图 5.13　非晶-高熵双相复合材料界面微观结构与变形过程中界面处变形机制

5.3.3　非晶复合材料变形机制的有限元分析

有限元分析是可以用于非晶复合材料变形机制探究的另一有效手段。有限元分析方法可以模拟分析非晶复合材料变形过程中的多种机制。例如变形过程中非晶基体的自由体积的生成和湮灭过程;枝晶相在变形过程中的位错密度变化;变形过程中系统的宏观应力分布等。

Fan 等人通过有限元分析结合实验表征揭示了 TiZr 基非晶复合材料的变形机制,并探究了非晶复合材料拉伸变形过程中产生加工硬化的原因。在有限元分析的初始阶段,研究人员根据实验测定的结果设定了非晶复合材料模型的力学性能参数,如弹性模量、泊松比、屈服强度、硬度等,而后模拟计算了非晶复合材料塑性变形过程中不同应变程度下的参数变化,如图 5.14 所示。图 5.14 中(a)、(b)和(c)展示了应变为 3%时非晶基体中自由体积的分布、枝晶中的位错密度和局部应力分布,而(d)、(e)和(f)则分别显示了应变量为 7%时相应的自由体积的分布、枝晶中的位错密度和局部应力分布。结果表明,在应变量较小时,非晶复合材料模型中可以发现均匀的变形行为。在应变量增加到 7%时,非晶基体中自由体积的含量和枝晶中的位错密度则会迅速增加,这会使非晶基体会发生加工软化而枝晶发生加工硬化。从图 5.14(d)和 5.14(e)可以观察到,非晶基体中自由体积浓度高的区域附近枝晶内位错密度也相对较高。这一趋势证实了非晶-晶体界面处的应力集中会影响枝晶中位错滑移带的产生以及非晶基体中剪切带的形成。有限元分析的结果还证实,非晶复合材料变形过程中枝晶相的加工硬化行为归因于纳米级边界的形成,这是通过在拉伸变形过程中产生"密集位错墙"结构引起的。另一方面,剪切带的形成引起了非晶基体的软化。结合这些因素可以揭示出非晶复合材料整体的塑性变形机制并证明枝晶的加工硬化能力可以在一定程度上克服非晶基体的软化,这是导致非晶复合材料拉伸变形过程中产生加工硬化行为的原因之一。

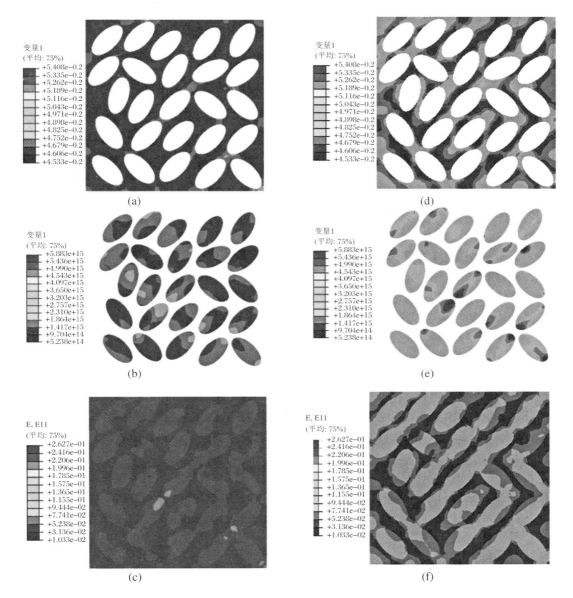

图 5.14　利用有限元分析方法模拟的 TiZr 基非晶复合材料的拉伸变形行为（彩图 4）

其中（a）、（b）和（c）分别对应于应变量为 3% 时自由体积的分布、位错密度和局部应力分布，而（d）、（e）和（f）则对应于应变量为 7% 时自由体积的分布、位错密度和局部应力分布

5.4　高性能非晶复合材料的计算机辅助设计

非晶复合材料兼具了非晶基体与晶体相的共同优势，在具有高强度和大的硬度的同时具有良好的塑性，以及良好的耐腐蚀性等，因此非晶复合材料成为在航空航天、国防军工、民用消费等领域都有着十分广阔的应用前景的新型金属材料。然而受限于非晶态材料严苛的

成型条件,目前只有少数合金成分能够通过快速冷却方法制备成具有良好综合性能的块状非晶复合材料。设计具有优良性能的新成分的非晶复合材料一直是一个重要的研究方向。传统的非晶复合材料设计依赖于经验规则和大量实验。经验规则证实块体非晶材料倾向于在具有较大原子尺寸差异的系统中形成,或在接近共晶成分的系统中形成。然而,即使有这些规则,通常仍需要大量实验来找到性能优化的合金成分。此外,对于某些重要的性能,既没有经验规则也没有物理模型存在,这进一步增加了设计新非晶复合材料的难度。随着计算机技术的迅速发展,使用计算模拟设计非晶复合材料并进一步优化其综合性能成为了一种新趋势,其中以分子动力学模拟方法和机器学习方法最为常见。在本章内容中,主要针对这两种方法进行介绍。

5.4.1　高性能非晶复合材料的分子的动力学模拟设计

正如前面章节所述,分子动力学模拟方法可以精确控制非晶复合材料中的两相结构,从而成为设计非晶复合材料并优化其性能的理想工具。通过分子动力学方法,可以建立不同结构组成的非晶复合材料模型,进行力学性能测试,并根据力学性能结果对材料的结构进行迭代优化,进而设计出具有优异力学性能的新型复合材料。分子动力学模拟以原子尺度模拟材料的微观结构和原子间相互作用,可以准确地模拟复杂的非晶材料结构。通过调节晶体相的初始位置,模拟微观结构对复合材料力学性能的影响。例如,模拟纳米晶体颗粒分布在非晶基体中的效应,或者探索不同变形机制的晶体相与非晶结构的相互作用方式。在模拟过程中,研究者可以通过模拟应力-应变关系、杨氏模量、断裂行为等力学性能参数来评估材料的表现,从而为非晶复合材料的设计和制备提供理论指导。

目前,石墨烯成为了一种用来增强合金材料的力学性能的有效增强相,在设计石墨烯增强的非晶复合材料时,分子动力学模拟起到了重要作用。使用分子动力学模拟可以对非晶复合材料中石墨烯的厚度、位置、密度、分布规律等进行定量的调控,从而探索出具有最优性能的石墨烯增强非晶复合材料的特征结构。例如,研究人员使用分子动力学模拟方法建立了嵌入石墨烯的 CuZr 基非晶复合材料结构模型,并研究了石墨烯的嵌入位置对复合材料单轴拉伸加载变形过程中的变形行为的影响。结果表明,添加石墨烯可以增强非晶复合材料的屈服强度。同时,通过调整石墨烯的嵌入位置,可以显著改善非晶复合材料的塑性变形能力。研究结果显示,随着石墨烯嵌入距离的改变,非晶复合材料的塑性变形模式从高度局域化的剪切带变形转变为均匀变形。换言之,石墨烯的嵌入位置存在一个阈值,可最大化非晶复合材料的塑性。主要原因在于,改变石墨烯的嵌入位置可以调节非晶基体上下部分的大小。在非晶复合材料的塑性变形过程中,上下部分的非晶基体将发挥协同作用。当上下部分的非晶基体大小达到可以产生均匀塑性变形的尺寸时,整个非晶复合材料将产生均匀的塑性变形。此外,在非晶复合材料的塑性变形过程中,石墨烯起着两个作用(即防止剪切带扩展和作为多重剪切带的激发源)。这两种效应之间的竞争取决于石墨烯的嵌入位置,也影响着非晶复合材料的变形行为。根据研究,当石墨烯层嵌入位置为 $0.25H$(H 为研究中所创建的非晶复合材料结构模型的厚度)时,非晶复合材料具有最佳的塑性变形能力,其塑性变形最为均匀,其示意图如图 5.15 所示。如果改变非晶基体的大小,仍然会存在适合的石墨烯嵌入位置,从而导致非晶复合材料的均匀塑性变形。当然,如果非晶基体非常大,通过在基体中嵌入一层石墨烯很难获得上下非晶相的均匀塑性变形。此时,可以根据实际非晶基体的大小在不同位置嵌入多层石墨烯,并通过调整相邻石墨烯之间的间距,获得具有良好塑性变形能力的非晶复合材料。换言之,引入石墨烯并优化其嵌入位置,可以获得高强度和高塑性的非晶复合材料。这项工作的成果可能为进一步开发石墨烯增强的高性能非晶复合材料提供宝贵的早期理论基础。

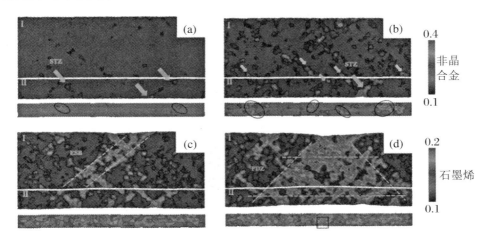

图 5.15　石墨烯层增强的非晶复合材料拉伸变形过程中剪切带生成和传播的微观机制

5.4.2　非晶合金及其复合材料的机器学习设计

设计非晶合金以及非晶复合材料时需要考虑的一个关键问题是所选体系的玻璃形成能力,非晶合金材料有限的玻璃形成能力限制了它们的发展和应用。到目前为止,非晶合金和非晶复合材料的传统设计主要基于以经验规则为指导的反复试验方法。然而,这种方法需要消耗大量的时间成本。因此,开发用于设计非晶合金复合材料的新方法,特别是具有良好非晶形成能力的非晶复合材料,仍然是一个热点问题。随着数据科学的迅速发展,机器学习方法逐渐显示出了其在材料设计和性能优化方面的潜力。迄今为止,研究人员已经建立了不同的机器学习模型,以解决与非晶合金及其复合材料设计相关的各种问题,例如,合金的玻璃形成能力、与玻璃形成能力相关的特征温度等。目前,机器学习已经在非晶形成能力预测和合金体系开等方面发挥了积极的作用。

（1）机器学习的基本方法和步骤

传统方法本质上是一种反复实验的方法,首先基于经验规则或物理模型进行成分设计,然后进行合金制备、结构表征和性能测试等实验。相同的过程可以重复多次,直至得到符合要求的合金材料。但这种传统方法通常很耗时并且高度依赖于反复的实验。相比之下,机器学习方法具有与传统实验方法完全不同的步骤。

简单来说,机器学习就是对大量已有的数据进行计算分析,然后应用分类或回归算法训练出学习模型并指导合金成分设计,最后进行实验验证模拟准确性的过程,其示意图如图 5.16 所示。使用机器学习方法的首要步骤便是收集相关的实验数据和计算数据,这些数据来自文献、数据库或实验等。在收集数据时要确保数据的真实性和可靠性,这是确保所建立的机器学习模型准确可用的前提。将收集好的大量数据预处理后便可进行机器学习模型训练。在训练时根据具体问题选择合适的训练模型(如线性回归、随机森林、神经网络模型等),调整参数以优化模型训练效率及提高准确性。模型训练好后便可以使用其对合金体系进行预测,如预测不同合金体系的非晶形成能力、复合材料的力学性能等,并从大量预测结果中筛选性能优异的合金。根据预测结果进行实验验证也是机器学习过程中至关重要的一个步骤,此步骤是对模型准确性验证的关键所在。将实验结果反馈到模型中,更新和改进模型,通过不断地模型训练、预测、实验验证和反馈的迭代,可以逐步提高机器学习模型的准确性并最终实现指导合金设计的目标。与传统方法相比,机器学习的方法可以节约时间与人力成本,效率更高。

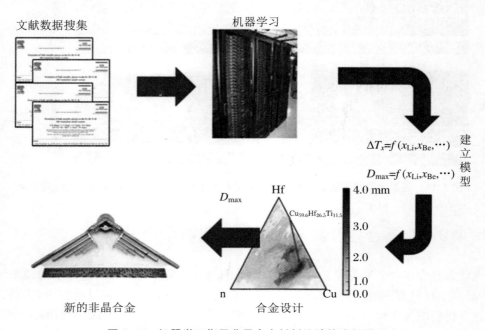

图 5.16　机器学习指导非晶合金材料设计的流程图

（2）非晶形成能力的机器学习预测

目前,机器学习在非晶合金及其复合材料的成分设计方面已经取得了很大的进展,尤其是在预测合金成分的非晶形成能力方面。根据机器学习算法的步骤,预测合金的非晶形成能力首先需要收集大量的可用数据。原则上,数据的数量和质量对于机器学习建模都非常重要。用于机器学习建模的大部分数据来均自文献中报道的实验结果,而只有少量来计算机模拟结果(如分子动力学模拟)。根据 Zhou 等人的研究,目前可用的关于非晶形成能力的实验数据涵盖了非常广泛的合金成分范围。数据中包含的主要元素有 Fe、Zr、Ni、Al、Co、Mg、Cu、La、Pd 等,除此之外还包括过渡金属(如 Zr、Fe、Ni 和 Cu)、碱土金属(如 Mg、Ca 和 Be)、稀土金属(如 La)等。除了实验数据,分子动力学模拟工作也为非晶形成能力预测提供了大量的可用数据。截至目前为止,可以用于机器学习模型训练的非晶形成能力的数据集的规模已经超过 8000 条。

尽管有大量的非晶形成能力数据可以用作机器学习模型建立的参考,但需要对这些数据进行预筛选和数据转换,以排除机器学习模型产生大误差的数据,这一过程对于机器学习建模至关重要。在先前的研究中,这一过程经常被忽视,正如 Liu 等人和 Zhou 等人所指出的,如果非晶形成能力的数据集仅包括实验中能形成大尺寸非晶合金的金属元素的数据,则该数据集可能会有显著的偏差,从而可能降低分类或回归机器学习模型的效率。解决这个问题的主要方法是通过数据下采样或过采样来创建一个更平衡的数据集,这可以提高机器学习模型的准确性和普适性。此外,还可以进行数据变换,使变换后的数据分布比之前更接近正态分布。实践证实,这可以改善基于高偏度数据构建的回归机器学习模型的性能。

确定用于模型训练的数据后,就可以基于现有的机器学习算法开发机器学习模型。目前可用于非晶合金成分设计机器学习算法,包括支持向量机(SVMs)、人工神经网络(ANNs)、k-近邻算法、邻域成分分析、决策树、随机森林(RFs)、线性回归、高斯过程回归、最小绝对收缩与选择算子等多种算法。这些机器学习算法中有些表现出良好的性能,且能很好地适应非晶形成能力统计计算的要求,因此非常受欢迎,例如人工神经网络。通常在选取算法时,可以测试不同的算法来解决同一个问题,然后选择表现最佳的算法来指导后续的非晶合金成分设计。

根据不同的算法可以训练出不同的机器学习模型,而使用不同的模型可以预测出不同的结果。目前常用的可以用于非晶合金形成能力预测的机器学习模型有两种,即Levenberg-Marquardt 反向传播人工神经网络模型(LMANN)和基于比率二次核的高斯过程回归模型(RQGPR)。研究人员使用这两种模型对相同体系的合金的非晶形成能力进行预测发现,它们在实验数据上的预测结果明显不同。如图 5.17 所示,RQGPR 模型的预测与实验结果非常吻合,而 LMANN 模型的预测显然与实验数据偏离,与数值验证的结果相矛盾。目前,只有少数机器学习模型所预测的结果能与实验结果形成良好的吻合。机器学习模型预测结果与实验之间差异的一个可能原因是合金体系非晶形成能力的数据仍然相对稀少。在这种情况下,需要进一步的研究来训练出更多精度更高的机器学习模型来进行非晶合金形成能力的预测。

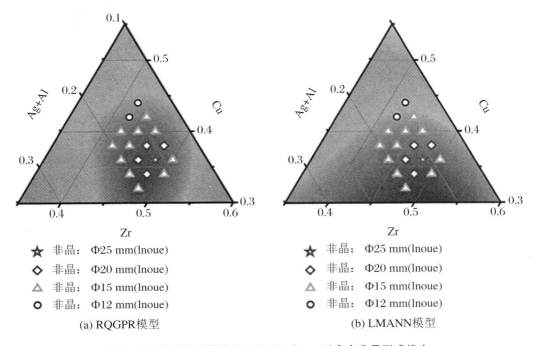

(a) RQGPR模型　　　　　　　　(b) LMANN模型

图 5.17　模型预测的准三元 Zr-Cu-(Ag,Al)合金非晶形成能力
与实验中测得的结果的对比

（2）非晶复合材料力学性能的机器学习预测

　　除了用来预测非晶合金体系的玻璃形成能力，机器学习方法还可以结合分子动力学模拟方法对非晶复合材料的力学性能进行预测，从而筛选出性能优良的非晶复合材料体系。如目前已有研究证实，经过训练的机器学习模型可以预测 $Cu_{50}Zr_{50}$ 非晶合金作为基体的复合材料在不同的应变速率、温度和晶粒尺寸下的单轴拉伸变形行为。研究人员首先建立了含有 FCC-Cu 晶体相的 $Cu_{50}Zr_{50}$ 非晶复合材料模型，并使用经典分子动力学模拟方法对其拉伸变形行为进行了大量的模拟，并将模拟数据作为用来训练机器学习模型的原始数据。通过使用分子的动力学模拟得出的应力、应变、应变速率和温度作为输入参数，训练了多种机器学习模型，如 AdaBoost、决策树、梯度提升、随机森林、人工神经网络模型。研究人员发现针对非晶复合材料的力学性能而言，不同的机器学习模型具有不同的预测结果。经过分析发现，AdaBoost 模型不易拟合，且由于 AdaBoost 是一种渐进学习的方法，它需要大量高质量的数据，而且对误差和异常值非常敏感，在数据量较少时可能会影响最终预测结果，是相对而言准确度最低的模型。而梯度提升模型是一种强大的方法，可以有效捕捉复杂的非线性函数依赖关系。Shatnawi 等人的研究使用梯度提升方法预测了一些复合材料的剪切强度，且他们提出，该模型预测的剪切强度与实验结果吻合性较好。而在非晶复合材料的力学性能预测方面，梯度提升模型也准确预测了复合材料的应力-应变行为。与文献中的实验研究相比，此模型还准确预测了成分、晶粒尺寸、冷却速率、温度和应变速率等独立变量对力学性能的影响。因此证明，梯度提升模型可以用来预测 $Cu_{50}Zr_{50}$ 非晶复合材料拉伸变形过程中的应力应变响应，此模型还可以用于设计和开发高性能的非晶复合材料。

参 考 文 献

[1]　Qiao J，Jia H，Liaw P K. Metallic glass matrix composites[J]. Materials Science and Engineering R：Reports，2016，100：1-69.

[2]　Xu Q，Sopu D，Yuan X，et al. Interface-related deformation phenomena in metallic glass/high entropy nanolaminates[J]. Acta Materialia，2022，237：118191.

[3]　Sopu D，Yuan X，Moitzi F，et al. Structure-property relationships in shape memory metallic glass composites[J]. Materials，2019，12：1-10.

[4]　Sopu D，Albe K，Eckert J. Metallic glass nanolaminates with shape memory alloys[J]. Acta Materialia，2018，159：344-351.

[5]　Sheng H W，Luo W K，Alamgir F M，et al. Atomic packing and short-to-medium-range order in metallic glasses[J]. Nature，2006，439：419-425.

[6]　Zhou Z Q，He Q F，Liu X D，et al. Rational design of chemically complex metallic glasses by hybrid modeling guided machine learning[J]. npj Computational Materials，2021，7(1)：138.

[7]　Amigo N，Palominos S，Valencia F J. Machine learning modeling for the prediction of plastic properties in metallic glasses[J]. Scientific Reports，2023，13(1)：348.

[8]　Brink T，Peterlechner M，Rösner H，et al. Influence of crystalline nanoprecipitates on shear-band propagation in cu-zr-based metallic glasses[J]. Physical Review Applied，2016，5(5)：054005.

[9]　Ward L，O'Keeffe S C，Stevick J，et al. A machine learning approach for engineering bulk metallic glass alloys[J]. Acta Materialia，2018，159：102-111.

[10]　Adjaoud O，Albe K. Interfaces and interphases in nanoglasses：Surface segregation effects and their

implications on structural properties[J]. Acta Materialia,2016,113:284-292.

[11] Adjaoud O,Albe K. Microstructure formation of metallic nanoglasses:Insights from molecular dynamics simulations[J]. Acta Materialia,2018,145:322-330.

[12] Stukowski A. Structure identification methods for atomistic simulations of crystalline materials[J]. Modelling and Simulation in Materials Science and Engineering,2012,20(4):045021.

[13] Hirel P. Atomsk:A tool for manipulating and converting atomic data files[J]. Computer Physics Communications,2015,197:212-219.

[14] Faken D,Jónsson H. Systematic analysis of local atomic structure combined with 3d computer graphics [J]. Computational Materials Science,1994,2(2):279-286.

[15] Wang Y,Ribeiro J M L,Tiwary P. Machine learning approaches for analyzing and enhancing molecular dynamics simulations[J]. Current Opinion in Structural Biology,2020,61:139-145.

[16] Ward L,Agrawal A,Choudhary A,et al. A general-purpose machine learning framework for predicting properties of inorganic materials[J]. npj Computational Materials,2016,2:1-7.

[17] Mendelev M I,Sun Y,Zhang F,et al. Development of a semi-empirical potential suitable for molecular dynamics simulation of vitrification in cu-zr alloys[J]. Journal of Chemical Physics,2019,151.

[18] Mendelev M I,Sordelet D J,Kramer M J. Using atomistic computer simulations to analyze x-ray diffraction data from metallic glasses[J]. Journal of Applied Physics,2007,102:043501.

[19] Purja Pun G P,Mishin Y. Development of an interatomic potential for the ni-al system[J]. Philosophical Magazine,2009,89(34):3245-3267.

[20] Jarmakani H N,Bringa E M,Erhart P,et al. Molecular dynamics simulations of shock compression of nickel:From monocrystals to nanocrystals[J]. Acta Materialia,2008,56:5584-5604.

[21] Gu C,Su M,Tian Z,et al. Multi-scale simulation study on the evolution of stress waves and dislocations in ti alloy during laser shock peening processing[J]. Optics and Laser Technology,2023,165:109629.

[22] Sadigh B,Erhart P,Stukowski A,et al. Scalable parallel monte carlo algorithm for atomistic simulations of precipitation in alloys[J]. Physical Review B,2012,85(18).

[23] Zhao T Q,Song H Y,An M R,et al. Effect of graphene on the mechanical properties of metallic glasses:Insight from molecular dynamics simulation[J]. Materials Chemistry and Physics,2022,278:125695.

[24] Fan J,Rao W,Qiao J,et al. Achieving work hardening by forming boundaries on the nanoscale in a ti-based metallic glass matrix composite[J]. Journal of Materials Science & Technology,2020,50:192-203.

第6章 非晶复合材料的应用及其发展

非晶合金或非晶复合材料由于其独特的短程有序长程无序的结构特征,在材料科学领域备受关注。这种独特的结构使得非晶合金具备一系列优异的性能,例如,高强度、大弹性极限、极高的硬度以及优异的耐蚀性等。这些性能使得非晶合金及其复合材料在多个领域有着广泛的应用前景。由于其原子结构的无序性,非晶合金在外力作用下不易发生位错运动,从而大幅提升了材料的强度。与传统的晶体材料相比,非晶合金能够在更高的应力下保持稳定,因此可应用于航空航天等领域。非晶合金受到较大变形后仍能恢复原状,这在微机电系统和纳米电机械系统中尤为重要。这些系统通常需要材料在微小尺寸下仍能保持良好的机械性能,因此,非晶合金在这些领域的应用能够显著提升设备的性能和可靠性。硬度是衡量材料抵抗局部变形、压痕或划伤的能力。非晶态结构的高度紧密排列使得非晶合金展现出卓越的硬度,因此,在制造精密零部件时,高硬度材料可以显著延长零部件的使用寿命,减少维护成本,并提高设备的运行效率。

非晶合金的优异耐蚀性也使其在多个领域有着重要的应用。传统金属在腐蚀性环境中容易发生氧化或腐蚀,而非晶合金由于其均匀的原子结构,缺乏晶界等容易成为腐蚀源的缺陷,从而展现出优异的耐腐蚀性能。因此,在电子设备零部件和生物医学材料中,非晶合金具有广泛的应用前景。例如,在电子设备中,非晶合金可以用于制造耐腐蚀的连接器和外壳,从而提高设备的使用寿命。在生物医学领域,非晶合金的耐腐蚀性和生物相容性使其成为制造人工关节、骨板和牙科器械的理想材料。非晶合金及其复合材料还广泛应用于民用机械及车辆零部件、武器装备、国防军工和航空航天等领域。在民用机械和车辆零部件领域,非晶合金可以用来制造高强度、耐磨损的零部件,从而提高机械设备和车辆的性能和耐用性。在武器装备和国防军工领域,非晶合金的高强度和轻质特性使其成为制造先进武器装备的理想材料,提高了武器的威力和耐用性。在航空航天领域,非晶合金不仅可以用于制造结构部件,还可以用来制造高性能传感器和执行器,提升航天器的整体性能。非晶合金及其复合材料凭借其优异的性能和多样的成型方法,在多个领域展现出广泛的应用潜力。随着材料科学和工程技术的不断进步,非晶合金的应用范围将不断扩大,为各个行业的发展带来新的可能。

6.1 结构型非晶复合材料的应用

由于不同的应用领域对材料形状的需求各异,非晶复合材料被设计成多种形式,如棒材、片材、板材、球体和管道等。这些多样化的形式能够满足不同应用场景的特定需求。非晶合金及其复合材料以其高屈服强度和大弹性极限的特性,成为理想的结构材料。高屈服强度意味着材料在受力时能承受更大的应力,而不会发生永久变形或断裂;大弹性极限则表示材料能够在受力后恢复到原始状态。这些特性使非晶合金及其复合材料在生产各种复杂形状的零件和工具时表现尤为出色。例如,它们可以用于制造高精度、高强度的齿轮、卷簧以及其他复杂零件。这些零件广泛应用于不同的工业领域,从精密机械到大型工程设备,都能找到该材料的身影。非晶合金及其复合材料的高强度和优异的耐磨性能,使其制成的齿轮和卷簧具有更长的使用寿命和更好的性能。这不仅提高了设备的运行效率,还降低了维护成本。总之,非晶合金及其复合材料凭借其卓越的机械性能和多样的成型能力,已经成为现代制造业中不可或缺的重要材料。

优质刀具通常由高强度钢制造。根据不同的应用需求,钢在机械和物理性能上会有不同的要求。例如,在某些特定场景下,刀具需要在水下使用,如军用和警用潜水刀,这就要求制造刀具的材料不仅要有高强度,还要具备良好的耐腐蚀性。在这些情况下,材料的选择尤为重要。传统上,钛合金由于其优良的耐腐蚀性,经常被用作制造潜水刀。钛合金在海水等腐蚀性环境中表现出色,能够有效抵抗氧化和腐蚀。然而,尽管钛合金在耐腐蚀性方面具有优势,其强度通常不足以满足某些特殊条件下的切割需求。钛合金在硬度和耐磨性方面不如钢,长时间使用后刀刃容易变钝,影响刀具的性能。与钛合金相比,钢具有更高的硬度和耐磨性,并且在使用过程中能够保持锋利的刃口,这使得钢制刀具在需要高强度和耐久性的应用中表现出色。钢刀具的高硬度和耐磨性使其在长时间的切割和使用中仍能保持良好的锋利度,这对于需要精确和强力切割的任务尤为重要。然而,钢也有一些显著的缺点。首先,钢通常具有磁性,这在某些军事应用中是不理想的。例如,刀具常被用作解除磁性地雷的战术工具,磁性刀具在这样的场景中会带来安全隐患。其次,钢的密度显著高于钛合金,相同尺寸的刀具会更重,这在需要轻便装备的应用中是不利的。刀具的重量会直接影响使用的灵活性和操作的便利性,尤其是在长时间的任务中,重量较大的刀具会增加使用者的负担。另外,无论是钢还是钛合金,制造特种刀具的一个主要挑战是它们必须从坯料中经过磨削或加工才能最终形成刀具的形状。由于大多数优质刀具需要镜面般的表面和复杂的形状,制造过程变得非常复杂和费时。磨削和加工不仅增加了生产成本,还可能导致材料浪费。如果能够将刀具一次性铸造成净形或近净形,这将大大简化制造过程,降低成本,提高生产效率。

非晶合金及其复合材料作为一种新型材料,因其独特的原子结构和卓越的机械性能,成为制备高性能刀具的潜在选择,如图 6.1 所示。非晶合金具备高强度、高硬度和优异的耐腐蚀性,能够在苛刻的环境中保持优异的性能。此外,非晶合金可以通过铸造方法直接成型,这意味着可以根据模具设计将其铸造成各种复杂形状的刀具,避免了传统磨削和加工带来的复杂制造过程。在未来,随着非晶合金技术的进一步发展和应用,我们有望看到更多采用这种材料制造的高性能刀具,尤其是在需要高强度、耐腐蚀性和复杂形状的特种应用中。通过优化材料选择和制造工艺,可以显著提升刀具的性能和使用寿命,满足不同应用领域的多样化需求。

除了制作刀具外,Ti 基非晶复合材料还可以广泛用于制备各种形状复杂的零部件。这些零部件包括各种型号的螺栓、垫圈、空心管和棒材等,如图 6.2 所示。这些零部件因其卓越的力学性能和耐腐蚀特性,在多个领域得到了广泛应用。例如,在电子领域,Ti 基非晶复合材料可以用于制造高强度、耐腐蚀的连接器和外壳,确保电子设备在恶劣环境下仍能可靠运行;在民用机械和车辆零部件领域,这些材料制成的零件能够显著提高设备的耐用性和性能,延长使用寿命,减少维护成本。图 6.2(f) 展示了厚度为 3.5 mm 的 Ti 基非晶复合材料板材及其原料。这些板材由于其优良的性能,在实际应用中发挥了重要作用。非晶复合材料板材具有极高的强度和硬度,能够承受高负荷和复杂的应力条件,同时其优异的耐腐蚀性能确保了在腐蚀性环境中的长久使用。值得注意的是,通常用于制备零部件的非晶复合材料均为内生型。内生型非晶复合材料的一个显著优势是可以直接铸造成型,这使得它们能够制备成各种复杂的形状,满足不同应用场景的需求。直接铸造成型的工艺不仅简化了生产流程,还减少了材料浪费,降低了生产成本。通过这种方式制造的零部件,无论是在尺寸精度还是在表面质量上都能达到较高水平,进一步提升其应用价值。Ti 基非晶复合材料在多个领域的应用展示了其优越的性能和广泛的适用性。无论是在电子设备中作为高性能连接器和外壳,还是在民用机械和车辆零部件中作为高强度、耐腐蚀的零件,这些材料都展现出了巨大的潜力。未来,随着材料科学和制造技术的不断进步,Ti 基非晶复合材料的应用范围将会进一步扩大,带来更多创新和发展机遇。

图 6.1 由 Ti 基非晶复合材料制备的潜水刀

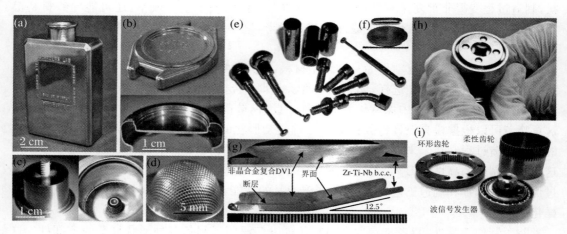

图 6.2 由 Ti 基非晶合金及其复合材料制备的各种零件

除了广泛应用于各种机械零部件的内生型非晶复合材料外,外加型非晶复合材料也在多个领域展现出其卓越的性能和广泛的应用前景。特别是在国防军工、武器装备等重大工程领域,外加型非晶复合材料的应用日益广泛。当前,非晶复合材料已经成为制造穿甲弹的一种常见材料,其优异的机械性能使其在现代军事技术中占据了重要地位。

穿甲弹是一种用于穿透装甲目标的弹药,其核心部件是弹芯,弹芯材料的性能直接决定了穿甲弹的穿透能力和效果。因此,选择适当的弹芯材料是穿甲弹设计中的关键。传统上,贫铀(DU)弹因其优越的穿透性能和相对低廉的成本,被广泛采用。贫铀弹在穿透能力方面具有显著优势,这是由于铀合金的高密度和自锐性,使其在穿透装甲时能够不断保持锋利的边缘。然而,贫铀弹在使用过程中会产生放射性污染,对人体和环境造成极大的不可逆危害。这使得许多国家在考虑环保和健康因素后,逐渐放弃使用贫铀弹,转而寻找其他替代材料。寻找贫铀弹的替代材料成为各国军事研究的重点。然而,大多数替代材料在性能上无法完全匹敌铀合金,而且成本较高。W 合金是目前广泛使用的替代品之一。钨具有高密度和较好的硬度,使其成为弹芯材料的理想选择。然而,钨合金在物理特性上仍然不如贫铀,特别是在自锐性方面,钨合金弹头在穿透过程中容易钝化,从而降低其穿透力。此外,碳纤维材料,如普通碳纤维和碳纳米管等,也被尝试用于穿甲弹的设计中。这些材料具有与铀合金相似的自锐特性,能够在穿透装甲时保持锋利的边缘。然而,碳纤维材料通常非常轻,相比合金弹头,其动能较低,这在穿甲弹的实际应用中是一个显著的劣势。此外,如果仅将碳纤维材料用于包裹弹芯,这会显著降低弹头的硬度,影响其整体性能。

在中国,由于钨资源丰富,因此在弹芯材料的选择上,W 合金成为了一个可行的替代方案。虽然 W 合金价格略高,但其高密度和硬度使其在穿甲弹设计中具有一定的优势。然而,W 合金弹头在战场上表现出的自钝性问题仍然是一个挑战。为了克服这一问题,研究人员开始探索使用 W 合金增强的非晶合金复合材料作为穿甲弹弹芯。这种复合材料结合了 W 合金的高密度和非晶合金的自锐性,能够在穿透过程中保持锋利的边缘,显著提升穿甲能力。中美两国都在积极研究和开发这种新型的穿甲弹材料。目前,美国已经成功制备出一种将 W 丝嵌入非晶合金基体中的复合材料穿甲弹弹芯。这种复合材料在综合性能上完全可以超越贫铀弹的穿甲能力,展示了其在军事应用中的巨大潜力。

与美国的研究进展相比,中国则采用了一种新型的 W 纤维/非晶合金复合材料作为穿甲弹的弹芯。这种弹芯的示意图如图 6.3 所示。通过将 W 纤维嵌入非晶合金基体中,形成复合材料结构,使得这种弹芯在穿透能力上比美制 W 合金弹芯更为优越。W 纤维的高强度和非晶合金的高韧性相结合,使得弹芯在穿透装甲时能够保持稳定的结构和高效的穿透力。这种 W 纤维-非晶合金复合材料不仅在力学性能上表现出色,而且在耐腐蚀性方面也具有显著优势。非晶合金的无序结构使其在腐蚀性环境中表现出色,能够有效抵抗各种环境因素的侵蚀,从而保证弹芯在复杂战场环境中的稳定性和可靠性。此外,非晶合金的高强度和高硬度,使其在高冲击力下仍能保持良好的结构完整性和性能,进一步提升了穿甲弹的作战效能。

在 W 纤维-非晶合金复合材料弹芯中,非晶合金基体在穿透深层装甲过程中会发生断裂和破碎,而不会像传统 W 合金那样发生墩粗,这种特性实现了穿甲弹的自锐特性。传统 W 合金在穿透过程中,随着冲击力的作用,材料会发生钝化,导致穿甲能力逐渐下降。而非晶合金基体在受到冲击时,由于其独特的结构,会发生碎裂,这种碎裂特性使得弹芯能够在穿透过程中保持锋利的边缘,从而持续发挥其穿甲能力。加入的 W 纤维不仅显著增强了复合材料的韧性,还增加了弹芯的密度。高密度材料在动能传递过程中能更有效地集中能量,从而提高穿透力。实验表明,这种复合材料的侵彻深度比传统 W 合金弹芯提高了约 72%。这一显著提升主要归功于复合材料中 W 纤维和非晶合金基体的协同作用。在冲击和摩擦过程中,弹头动能转化为热能,使得非晶合金基体在短时间内大幅升温。这种升温效应导致非晶合金基体发生结晶化,结晶化过程释放的能量以及温度的升高会使得目标装甲软化,从而进一步提高弹头的穿甲能力。装甲软化使得弹芯能够更轻松地穿透,减少了阻力,提高了侵彻深度。在穿甲侵彻过程中,撞击产生的强大应力会导致非晶合金基体破碎,而 W 纤维则会发生大角度弯曲甚至断裂。然而,这种破坏失效通常局限于弹芯头部的狭小边缘层内,内部基体和 W 纤维的微结构无明显变化。这种局部的破坏失效特性使得复合材料弹芯能够在穿甲过程中保持其整体结构的完整性,从而保证了穿甲性能的稳定和可靠。虽然弹芯中只加入了少量的非晶合金,但其穿甲性能得到了显著提升。这是因为非晶合金和 W 纤维的结合能够在不同阶段发挥各自的优势。非晶合金的自锐性使得弹芯在初始穿透时保持锋利,而 W 纤维的高强度和韧性则在后续阶段提供必要的支撑和结构稳定性。复合材料在设计上充分利用了这两种材料的特性,实现了性能的优化。

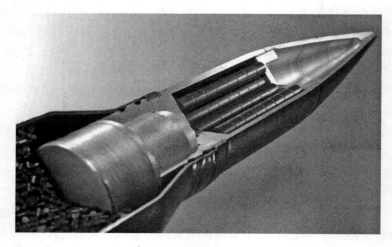

图 6.3　W 纤维-非晶合金复合材料制备的穿甲弹弹芯示意图

除了在穿甲弹中的应用,外加型非晶复合材料在其他军事和工业领域也展示了广泛的应用前景。例如,在航空航天领域,这些材料可以用于制造高强度、轻量化的结构部件,提高飞行器的性能和安全性;在核工业中,非晶复合材料的优异耐腐蚀性使其成为核反应堆和其他核设施的重要材料;在电子工业中,非晶复合材料可用于制造高性能的电子元器件和连接器,提高电子设备的可靠性和耐用性。内生型和外加型非晶复合材料在现代军事和工业技术中展现了巨大的潜力。通过不断优化材料配方和制备工艺,研究人员能够开发出性能更加优异、应用范围更加广泛的新型材料,为各个领域的发展提供强有力的支持。未来,随着非晶复合材料技术的不断进步,我们有望看到这些材料在更多关键领域中的应用和创新,推动科技和工业的持续发展。

非晶复合材料以其卓越的高比强度和高比刚度,在现代材料科学和工程应用中扮演着越来越重要的角色。高比强度意味着在相同重量下,非晶合金复合材料能够承受更大的载荷,这对于需要轻量化和高强度的结构设计至关重要。而高比刚度则使得结构件在承受外力时更不易变形,保证了其在复杂载荷条件下的稳定性和可靠性。在飞行器的设计和制造中,轻量化始终是一个关键目标。传统材料如铝合金和钛合金虽然在航空航天领域已经得到广泛应用,并且在多个方面表现出色,但在一些高性能需求的应用中仍然存在局限性。铝合金尽管轻质,但其强度和刚度在某些极端条件下可能不足;而钛合金虽然强度高,但其密度较大,在轻量化方面的优势有限。非晶复合材料的引入,能够在保证高强度和高刚度的前提下,进一步降低结构件的重量,这是提升飞行器整体性能的重要途径。例如,在制造航空器的主框架时,使用非晶复合材料不仅可以显著减轻机体重量,还可以提高机体的抗冲击能力并延长疲劳寿命。主框架是飞行器的关键承载结构,其强度和刚度直接关系到飞行器的安全和性能。非晶复合材料的高比强度和高比刚度使得主框架能够在轻量化的同时,承受更大的应力和冲击力,延长使用寿命,提升整体安全性和可靠性。对于结构桁架,非晶复合材料的应用同样具有显著优势。结构桁架是飞行器中承载和传递载荷的重要组件,其稳定性和抗弯折能力对飞行器的整体性能至关重要。非晶复合材料的应用,可以在保持轻量化的同时,提供更高的稳定性和抗弯折能力。这不仅提高了飞行器的结构效率,还降低了能耗,提升了飞行器的经济性和环境适应性。在轴承制造方面,非晶复合材料的优异性能也表现得淋漓尽致。轴承是飞行器中关键的运动组件,其耐磨性和使用寿命直接影响飞行器的维护成本和运行效率。非晶复合材料凭借其高硬度和优异的耐磨性,能够显著提升轴承的使用寿命,减少维护频率和成本,确保飞行器在长期运行中的稳定性和可靠性。此外,非晶复合材料的优异热稳定性和耐腐蚀性能,使其在极端环境下表现出色。航空航天环境通常伴随着高温、高压和强腐蚀性,传统材料在这些极端条件下可能会发生性能下降或失效。而非晶复合材料由于其独特的原子结构和化学性质,能够在高温和强腐蚀性环境中保持稳定的性能,确保飞行器在各种极端环境下的可靠运行。这些综合特性使得非晶复合材料成为未来航空航天领域结构材料的重要发展方向,其在强度、刚度、耐磨性、热稳定性和耐腐蚀性方面的卓越表现,能够显著提升飞行器的整体性能,助力新一代高性能飞行器的设计与制造。未来,随着材料科学和工程技术的不断进步,非晶复合材料将在更多的航空航天应用中展现其独特优势,推动航空航天技术的持续创新和发展。通过对非晶复合材料的深入研究和应用,我们有望在飞行器设计中实现更大的突破,开发出更加轻量化、高强度和高可靠性的航空航天结构组件。这不仅将提升飞行器的性能,还将促进航空航天产业的可持续发展,为人类探索更广阔的天空和太空提供坚实的技术支持。

非晶复合材料不仅在航空航天和军事领域展现了其卓越的性能,还在民用消费领域得到了广泛的应用。随着科技的迅猛发展,智能手机已经成为人们日常生活中不可或缺的电子产品。目前,智能手机的外壳主要采用铝合金制备而成。铝合金制备的手机壳由于成本低、质量轻,受到了广泛的欢迎。然而,铝合金的硬度和刚度相对较低,这导致手机壳在使用过程中保护性较差,消费者难以避免手机发生弯曲、按键孔变形等问题。为了解决这些问题,目前的智能手机通常在外壳内部添加加强块结构,以增加其抗弯折变形的能力。现有技术中常使用不锈钢或钛合金作为手机壳的加强块,这些材料虽然在一定程度上提高了手机壳的强度和硬度,但也带来了新的问题。不锈钢和钛合金的质量较大,使得手机整体重量增加,携带不便。此外,这些材料的抗腐蚀性较差,长时间使用后容易出现腐蚀现象,影响手机的美观和使用寿命。基于此,研究人员开始探索新型材料,以提高智能手机壳的性能。非晶复合材料,尤其是铜锆基和钛铜基体非晶复合材料,被发现可以作为新的手机壳增强体材料得以应用。非晶复合材料具有高强度和高硬度,使其在抗弯折变形方面表现出色。同时,这些材料的优异耐腐蚀性,能够有效抵抗日常使用中可能遇到的各种腐蚀环境,从而大大增加了手机壳的保护性和使用寿命。此外,非晶复合材料的铸造成型工艺简单且光泽度极高,使其在保证手机壳实用性的同时也更加美观。这种材料在外观上具有金属的光泽和质感,提升了手机的整体美感,满足了消费者对手机外观和触感的高要求。因此,非晶复合材料逐渐成为手机壳增强体和其他关键部件材料的首选。

非晶复合材料在智能手机壳中的应用不仅限于增强体,还可以用于其他关键部件的制造。例如,手机的按键、框架和内部支撑结构等都可以采用非晶复合材料。这些部件在使用过程中需要频繁操作和承受一定的机械应力,非晶复合材料的高强度和耐磨性能够显著延长这些部件的使用寿命,减少维修和更换的频率。

另外,非晶复合材料的高加工性和设计灵活性使其在手机制造过程中具有显著优势。通过精密铸造和加工工艺,可以制造出符合手机设计需求的复杂形状和精密部件,提高了手机的整体质量和性能。由于非晶复合材料的独特性质,手机制造商可以设计出更加轻薄、耐用和美观的手机产品,满足市场的多样化需求。

非晶复合材料在民用消费领域的应用不仅提升了产品的性能,还促进了新材料技术的推广和应用。消费者逐渐认识到非晶复合材料的优势,并对由其制备的手机壳和其他零部件表示认可和喜爱。图6.4展示了非晶复合材料所制备的手机壳增强体零部件,这些部件在实际使用中表现出了卓越的性能和耐用性。未来,随着非晶复合材料技术的不断进步和应用范围的扩大,我们有望看到更多创新型产品的问世。这些新产品将不仅在性能上有所突破,还将在外观设计和用户体验方面提供更多惊喜。非晶复合材料的广泛应用将推动民用消费电子产品的创新发展,为消费者带来更优质的使用体验。

图 6.4　非晶复合材料所制备的手机壳增强体零部件

6.2　功能型非晶复合材料的应用

除了用作结构型材料,非晶合金复合材料还因其具备良好的耐腐蚀性、生物相容性等优良特性越来越多地被应用于功能性材料。例如,在生物医学应用领域,具有良好生物相容性且耐腐蚀的非晶合金及其复合材料受到了广泛关注。这些材料被越来越多地应用于制备人体植入物。由于其卓越的抗腐蚀性能,这些植入物具有极长的使用寿命,无须移除。此外,这些材料的优异生物相容性有助于避免作为长期植入物对人体可能产生的负面影响。因此,非晶合金及其复合材料在生物医学领域展示出了巨大的潜力和优势,不仅提升了医疗器械的性能,还改善了患者的生活质量。

非晶合金及其复合材料尤其是铁基非晶因其优秀的软磁性能逐渐成为了制备变压器的理想候选者。变压器作为电力系统中的关键元件,其损耗指标对配电效率的提升至关重要。变压器主要由铁芯和线圈组成。其中,铁芯材料的选择对变压器的能耗有决定性影响。铁基非晶复合材料的磁化和消磁过程比传统磁性材料更容易,因此,使用铁基非晶材料作为变压器铁芯时,其空载损耗比采用硅钢的传统变压器低 70%~80%,从而显著节约配电系统的能源和成本。然而,铁基非晶变压器铁芯目前仍存在韧性差、抗潮湿性差等问题亟待解决。研究人员发现在铁基非晶中加入碳纳米管从而形成非晶复合材料,可以有效解决这一问题。

碳纳米管材料作为纳米材料,具备优异的电学和化学性能。将碳纳米管与铁基非晶材料复合,可以有效提高复合材料综合性能,碳纳米管在铁基非晶材料中可以形成物理屏蔽层,有效改善其抗潮湿腐蚀性能。然而,由于碳纳米管尺寸小且易于团聚,其在非晶材料中的分散性较差,现有的分散工艺要么难以实现均匀分散,要么操作复杂。因此,通过优化成分设计,在保证高非晶形成能力的前提下改进工艺,以使碳纳米管在铁基非晶材料中均匀分散,制备性能优异的铁基非晶/碳纳米管复合材料,对进一步扩展其应用范围至关重要。

与晶体材料相比,非晶合金及其复合材料具有优越的耐腐蚀性,在化学应用中起到重要作用。研究证明,一些非晶复合材料已经可以成为制备电池电极的理想材料。锂离子电池是目前大部分便携电子设备的首选。传统锂离子电池负极材料最常见的选择是石墨碳材料,但它存在一些显著缺点严重限制了其进一步发展,如理论比容量低、安全性能欠佳等。石墨碳材料的低理论容量是一个根本性的问题,单靠改进制备工艺难以大幅提高其性能,无法满足大型高容量电池、储能电池以及高能量密度薄膜微电池的需求。因此,开发具有高容量、高安全性、长寿命且价格低廉的非碳基负极材料成为锂离子电池发展的关键。随着电池技术的发展,Sn 合金逐渐进入研究人员的视野。Sn 合金由于其高容量和适中的嵌锂电位,被广泛用作为锂离子电池的负极材料。然而,Sn 合金负极材料的容量和循环稳定性难以兼得。为了提高 Sn 合金负极材料的循环性能,常用的方法是将 Sn 合金颗粒分散在基体材料中制备成复合材料,以期利用基体的缓冲作用减小 Sn 合金相颗粒的体积膨胀效应,从而保持电极结构的完整性及良好的导电性。

研究发现 NiTi 基非晶合金可以作为基体材料与 Sn 合金颗粒形成复合材料。这种复合材料可以降低或消除活性物质体积膨胀过程的内应力,解决了电池金属基负极材料的容量衰减问题。Sn 颗粒-非晶 NiTi 合金复合材料存在以下三个方面的性能特征,保证了电极材料的良好循环性能:① 具备不同形态的 Sn 合金颗粒可以均匀分散在非晶 NiTi 基体中,其中细微 Sn 颗粒的体积变化程度较小,所以产生微裂纹的可能性较少;② 非晶 NiTi 合金基体具备优异的导电性能,能够有效地维持 Sn 颗粒之间以及 Sn 颗粒与导电基体之间的良好导电性;③ Sn 颗粒与非晶 NiTi 基体之间存在强的化学结合性,能够有效地缓解 Sn 在充放电过程中的体积变化,从而有效阻止 Sn 颗粒从电极材料中剥落;④ 非晶 NiTi 材料在电池电解液中表现出极佳的稳定性,不会与电解液发生不可逆副反应,从而避免了大幅度的不可逆容量损失。因此,Sn-非晶 NiTi 合金复合材料逐渐成为性能优良的锂离子电池负极材料的候选者。

6.3　非晶复合材料的发展趋势

尽管在过去的数十年时间中,研究人员付出了大量努力来研发非晶合金复合材料并探究结构特征及其变形机理,但是关于非晶复合材料仍然有许多重大科学问题仍未解决,需展开更多的研究工作去探索其中的奥秘,为非晶复合材料的实际应用拓宽道路。与其他金属材料的发展趋势相似,非晶复合材料的发展也将针对于解决关键科学问题、提高材料综合性能、扩展材料应用领域、开发新型复合材料等几个重要的方面。

6.3.1　基础科学问题对非晶复合材料发展的制约

作为一种具有长程无序结构的金属材料,基础科学难题是目前制约其发展的瓶颈之一。由于无序结构的复杂性,现有固体物理和材料科学理论等都无法有效解释和描述其结构及结构与性能的关系,亟须科学新理论、新方法才能解释这些新问题。非晶合金复合材料领域当前的瓶颈型基础科学问题有:① 结构形成机制,即合金液如何在快速冷却条件下形成无序的非晶相基体与内生晶体相,明确这个关键基础问题便能够设计制备出结构可控的高性能非晶复合材料;② 微观变形机制,变形时非晶基体相的剪切带如何与晶体相的位错、相变等变形行为相互作用;③ 微观结构与变形机制与力学性能之间的联系尚未系统建立,这阻碍了非晶材料的高效研发、性能设计和调控。基础科学问题方面取得突破性进展才能极大促进高性能非晶复合材料的高效研发和性能优化。

非晶复合材料的微观变形机理是科研人员格外关注的关键科学问题。研究人员针对此问题进行了长期不断的探索。早在 2010 年,Wu 等人的研究便发现,导致 CuZr 基非晶复合材料具有优异的拉伸塑性和加工硬化能力的微观机理为晶体相的形变诱发马氏体相变行为,有效阻止了剪切带的迅速扩展。随后 Zhang 等人针对 Ti 基体非晶复合材料进行了拉伸加载实验和结构表征,发现非晶相中的剪切带与临界亚稳 β-Ti 相中的 ω-Ti 变形带在微观上通过"协同剪切"机制共同变形,并且证实这种协同变形模式是导致材料的拉伸应力-应变曲线上出现明显的锯齿流变现象的原因。Song 等人发现在 CuZr 非晶复合材料压缩变形过程中,晶体相的相变与非晶相剪切带之间存在三段式协同变形,此微观机理导致了复合材料"三段式屈服"宏观力学行为。

实验技术上的进步对探究非晶复合材料的微观变形机理提供了极大的帮助,但是在非晶相剪切带与晶体相塑性变形之间相互作用微观机理的系统性探究上,仍旧难以取得突破性进展。其原因之一是非晶相的无序结构无法通过传统实验手段进行表征,且非晶相剪切带的扩展过程亦无法完全通过实验方法进行观测。基于此,使用计算模拟方法对非晶复合材料的双相协同微观变形进行进一步深入研究成为了近年来的发展趋势,分子动力学模拟方法不仅可以对非晶相的短程有序结构进行表征,还可以模拟出剪切带萌生与扩展的整个过程。Branicio 等人通过分子动力学模拟分析表明,B2 相的分布状态的改变将会影响 CuZr 非晶复合材料局部应力状态,从而影响剪切带萌生的位置和随后扩展的路径。Phan 等人的模拟工作表明,非晶相短程有序结构含量的降低能提高非晶-晶两相界面吸收位错的能力。Fu 等人近期的模拟工作证实，B2 相的尺寸将会影响非晶-晶体界面附近的应力分布，从而影响非晶相中剪切带的生成。Zhang 和 Sopu 等人亦通过原位 TEM 表征结合分子动力学模拟，首次发现了位错型和相变型 Ti 基非晶复合材料不同的微观变形机理，并在相变型复合材料的拉伸加载过程中发现了"剪切带钝化"新机理。由此可见，结合最新的计算机技术与实验手段进行深入研究是一个发展趋势，有望逐步揭开非晶复合材料微观变形机理的神秘面纱。

6.3.2　非晶复合材料的性能优化

与其他金属材料的发展相似，非晶复合材料的发展也长期针对于提升其综合性能，尤其是使其实现优秀的强塑性匹配。将高强度和大塑性结合将一直是未来研究的重要目标及重要发展方向。在压缩和拉伸载荷下，非晶合金复合材料的机械性能表现出显著的不对称性。例如，在压缩载荷下，很多非晶复合材料能够展现出优秀的塑性变形和加工硬化行为，而在拉伸载荷下则会在屈服后完全软化。作为结构材料应用时，往往要求材料在各种变形条件下均具有优秀的强塑性。然而，如何实现这个目标仍然是一个尚未完全理解的难题。基于这些原因，未来应广泛探索非晶复合材料的变形机制，以及导致非晶复合材料性能不对称性的原因。这不仅涉及静态条件下的研究，还需要考虑材料在复杂使用环境中的表现，例如在高速动态载荷下的变形行为，例如，在不同温度条件下的动态压缩、拉伸和剪切在和作用下的变形行为。

目前为止，几乎所有关于非晶合金复合材料的研究都是基于铸态样品。众所周知，在传统合金的铸造过程中，微尺度的铸造孔隙和是不可避免的，而轧制工艺被广泛用于消除这些孔隙。此前，关于非晶合金的研究已经证明，冷轧后的非晶合金塑性可以得到明显增强。因此，未来的研究可以更多关注轧制等工艺对非晶复合材料力学性能的影响，但鉴于非晶合金基体材料硬脆性的特点，这种新性能优化的方法需要大量的实验工作来进行探索。

6.3.3　新型非晶复合材料的开发

除了对现有体系的非晶复合材料进行性能优化，开发新体系的非晶复合材料也是一个重要的发展方向，值得深入探索。轻量化是现代材料科学研究中的一个重要方向，尤其是在追求高比强度的材料领域。这种研究方向对于镁基、钙基和钛基的非晶复合材料尤为重要。这些材料由于具有显著的轻量化特性和高强度，成为航空航天等领域的理想选择，这些领域对材料的重量和强度有着极其严格的要求。

在航空航天领域，材料的轻量化直接影响到飞行器的燃油效率、载荷能力以及整体性能。镁基、钙基和钛基的非晶合金基复合材料不仅能够减轻结构重量，还能够提供足够的强度和刚度，以应对复杂的飞行环境和极端条件。此外，这些材料还具有良好的抗腐蚀性能和耐疲劳性能，能够延长飞行器的使用寿命，降低维护成本。

在未来的研究中，开发和优化这些轻质高强度的非晶合金基复合材料将具有重要的科学意义和应用前景。首先，需要深入研究这些材料的合成和制造工艺，确保能够批量生产出性能稳定、质量可靠的复合材料。其次，需要对这些材料在实际应用中的性能进行全面评估，包括其在不同环境下的力学性能、热稳定性和耐腐蚀性等。

另外,研究如何在这些复合材料中引入新的元素或结构,以进一步提升其性能,也是一个重要的研究方向。例如,通过纳米技术或其他先进制造技术,可以在非晶合金基复合材料中嵌入纳米颗粒或纤维,增强其力学性能和功能特性。这样,能够开发出更加轻量化、强度更高且具有多功能性的材料,为航空航天、汽车制造以及其他高端制造业提供新的材料解决方案。

总之,轻量化高比强度非晶合金基复合材料的开发和优化,不仅具有重要的科学研究价值,还将为多个工业领域带来革命性的进步。通过持续的研究和创新,我们能够设计出更加高效、可靠和可持续的材料,推动技术进步和产业升级。

参 考 文 献

[1] Qiao J, Jia H, Liaw P K. Metallic glass matrix composites[J]. Materials Science and Engineering R: Reports, 2016, 100: 1-69.

[2] Kumar G, Desai A, Schroers J. Bulk metallic glass: The smaller the better[J]. Advanced Materials, 2011, 23(4): 461-476.

[3] Cao J D, Kirkland N T, Laws K J, et al. Ca-Mg-Zn bulk metallic glasses as bioresorbable metals[J]. Acta Biomaterialia, 2012, 8(6): 2375-2383.

[4] Zberg B, Uggowitzer P J, Löffler J F. Mg-Zn-Ca glasses without clinically observable hydrogen evolution for biodegradable implants[J]. Nature Materials, 2009, 8(11): 887-891.

[5] Li H F, Xie X H, Zhao K, et al. In vitro and in vivo studies on biodegradable camgznsryb high-entropy bulk metallic glass[J]. Acta Biomaterialia, 2013, 9(10): 8561-8573.

[6] Gao K, Zhu X G, Chen L, et al. Recent development in the application of bulk metallic glasses[J]. Journal of Materials Science & Technology, 2022, 131: 115-121.

[7] Li H F, Zheng Y F. Recent advances in bulk metallic glasses for biomedical applications[J]. Acta Biomaterialia, 2016, 36: 1-20.

彩　　图

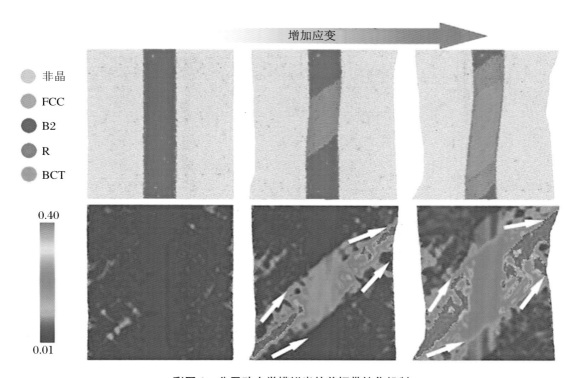

彩图 1　分子动力学模拟出的剪切带钝化机制

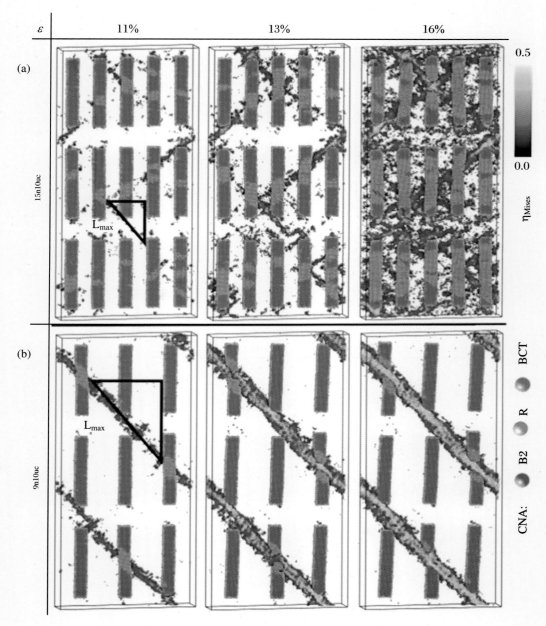

彩图 2　含有 15 个和含有 9 个 B2-CuZr 晶体相的 CuZr 基
非晶复合材拉伸变形模拟时的剪切带传播机制

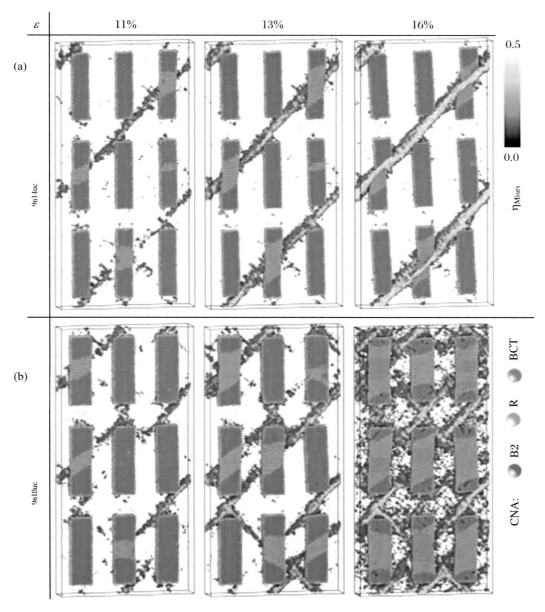

彩图 3　含有 9 个小尺寸和含有 9 个大尺寸 B2-CuZr 晶体相的 CuZr 基
非晶复合材拉伸变形模拟时的剪切带传播机制

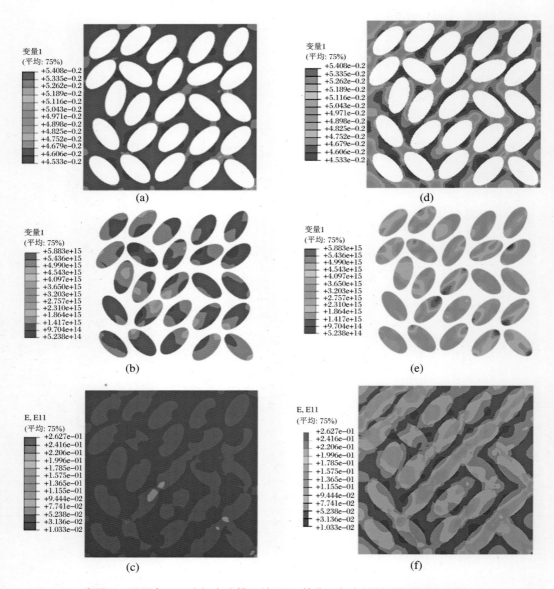

彩图 4　利用有限元分析方法模拟的 TiZr 基非晶复合材料的拉伸变形行为